世界最高の日本酒

JN217245

SAKE COMPETITION

2017

SAKE COMPETITION has the world
most number of entry and the competition
only for Japanese sake.

はじめに

世界に向けて真においしい日本酒を伝えたい、との思いで2012年に誕生したSAKE COMPETITIONは、今年で6回目を迎えました。回を重ねるにつれて出品酒は増え、マスコミの扱いも大きくなり、受賞酒が即日完売となるほどの影響力を持つにいたりました。

　とはいえ、未だに初心者にとっては「日本酒は分かりにくい」という問題も残っています。ラベルに記載されている情報が少なすぎて、消費者は何を拠り所に選んだらよいのかわからないという声も聞きます。また一言で「日本酒」といっても品質は様々です。そこで私たちは、日本酒の品質を正しく評価し、料理に合わせておいしい日本酒の選択基準を作りたいと考えました。そのためには、日本に流通しているできるだけ多くの日本酒を集め、同じ人間が一斉に評価をする必要があります。前身となるコンテストから約20年、様々

な試行錯誤を繰り返して、現在の「完全ブラインド審査」にたどり着きました。

　日本酒は「國酒」であり、国内および世界に認められるべき酒質を備えています。世界の日本酒の基準を作り上げ、多くの消費者に知っていただく必要があります。このSAKE COMPETITIONを重ねることにより、日本酒が世界各国の食中酒として選ばれるべく、品格及び飲用特性の評価基準を明確にしていきたい。さらには、世界各国で行われているきき酒コンテストの頂点としての「INTERNATIONAL SAKE COMPETITION」を、日本酒の母国であるこの日本で行えるようにしたいと考えております。

　各地の優秀な指導者、有識者の皆さま、経験豊富な蔵元の皆さまと毎年修正を重ねていくことにって、SAKE COMPETITONは理想の審査会に近づいています。今後も精査を重ねて、開催を続けてまいります。

SAKE COMPETITION
実行委員会

CONTENTS

世界最高の日本酒
SAKE COMPETITION 2017

●本書に掲載の値段は、とくに断り書きがある場合を除き、すべて税抜きです。
●本書に掲載されている情報は2017年6〜8月取材時のものです。
　本書発行後、やむを得ない事情により、掲載内容が変更になる場合もございます。あらかじめご了承ください。

SAKE COMPETITION 2017

SAKE COMPETITION 2017とは？

日本酒文化の普及と、日本酒が世界各国で食中酒として選ばれるための発展を目的に、2012年にスタートしたコンペティション。「市販酒」、「完全ブラインド審査」にこだわり、一般の日本酒ユーザーにとって「一番おいしいお酒」を決めるイベントとして国内外から注目を集める。飲用性を重視した審査、公平な評価基準、明確なランキング性などが日本酒関係者や一般購入者から支持を集め、6回目となる2017年は過去最多の1700点以上がエントリー。世界一の規模に発展した。

実施概要

酒造りの後半時期にあたる3月に応募受付を開始。予審・決審を経て6月に受賞表彰式とパーティーが行われた。

2017年		
3月21日	●	応募出品受付開始
4月20日	●	応募締め切り
5月17日	●	予審会
5月18日	●	参加蔵元の勉強会
5月19日	●	決審会
6月5日	●	入賞酒表彰式

出品数

2017年は世界から1709点、海外招待出品21点の合計1730点がエントリー。新設部門も注目が集まり大きな話題に。

純米酒部門	448点
純米吟醸部門	518点
純米大吟醸部門	414点
吟醸部門	196点
発泡清酒部門 新設	71点
Super Premium部門	62点
海外招待出品	21点
	合計1730点
ラベルデザイン部門 新設	285点

※ラベルデザイン部門は出品数に含まない

出品蔵数

国内参加蔵は合計445。大手の有名蔵から無名の若手蔵まで、個性豊かな顔ぶれが揃った。

県	出品蔵数	県	出品蔵数
北海道	2	三重	10
青森	4	滋賀	9
秋田	15	京都	12
岩手	7	大阪	2
山形	29	奈良	10
宮城	16	和歌山	5
福島	27	兵庫	22
茨城	18	岡山	9
栃木	15	広島	18
群馬	10	鳥取	3
埼玉	7	島根	13
千葉	6	山口	8
東京	3	香川	2
神奈川	3	徳島	1
新潟	24	愛媛	9
富山	4	高知	12
石川	7	福岡	10
福井	6	大分	7
長野	23	佐賀	10
山梨	2	長崎	3
静岡	12	熊本	6
岐阜	10	宮崎	1
愛知	13	合計	445蔵

※海外参加蔵8蔵

審査は全国の技術指導者、その推薦で選出された蔵元、日本酒業界で活躍する有識者で構成。予審・決審すべてブラインドで行った。

純米・純米吟醸・純米大吟醸・吟醸部門

予審31名
決審37名

発泡清酒部門

13名

Super Premium部門

外国人のゲスト審査員10名

ラベルデザイン部門

[審査委員長]
水野学(good design company)
[審査員]
村上雅士(emuni)、
鈴木啓太(PRODUCT DESIGN CENTER)

審査は東京都立産業貿易センター 台東館の展示室で2日にわたって行われた。

審査基準

審査は完全ブラインドの状態できき猪に注ぎ常温で実施。香味の品質および総合評価(5点減点法)。

[審査の詳細]

1　香味の調和や特徴が清酒の品格及び飲用特性から特に良好である
2　香味の調和や特徴が清酒の品格及び飲用特性から良好である
3　香味の調和や特徴が清酒の品格及び飲用特性から普通(平均的)である
4　1、2、3以外のものでやや難があるもの
5　1、2、3以外のもので難があるもの

[上記審査用語の解説の詳細]

「香味」とは、上立香及び香、味、後味を指すものとする
「香味の調和」とは、上立香及び含み香、味、後味の個別の調和と全体の調和を指す
「香味の特徴」とは、原料米品種、酵母の種類や製法に由来する個性的な香味ではあるが、難点ではないものを指す(濃醇な味や爽快な酸味、メロン、グリーンアップル様の香りなど)。「特徴」は、清酒の多様化及び新たな醸造技術の萌芽と育成を促すため取り入れる
「清酒の品格」とは、清酒が備えるべき優れた品質要件を指す(香りの上品さや優雅さ、味のふくらみ、なめらかさ、後味など)

株式会社はせがわ酒店代表取締役社長

長谷川浩一

市場が求める「時代の酒」を
評価していきたい

　SAKE COMPETITIONは世界で最も出品数が多い清酒のコンペティションです。今年はエントリーがさらに増え、453蔵が参加しました。現在、自醸メーカー数が1000弱であることを考えると、これは非常にありがたいことです。

　日本酒のコンテストでは香りや味が強い華やかなお酒が入賞する傾向がありますが、このSAKE COMPETITIONは「市販酒」であることにこだわり、実際の飲用に適した審査を行っています。受賞酒の味が過度に偏ることなく、純米酒、純米吟醸、純米大吟醸など各部門の魅力をバランスよく評価できているのではないでしょうか。

　長年日本酒業界を見てきましたが、時代とともに飲み手の感覚は大きく変化しています。例えば、かつて「酸」という言葉はマイナスなイメージがあり、酸のあるお酒は売れませんでした。しかし近年、酸のお酒が確実に増え、しかも「おいしいお酒」として広く受け入れられるようになりました。また、今回は「ガス感」のあるお酒が何点か入賞しています。従来の審査方法ならば「ガス感」はオフフレーバーとしてマイナスの評価となりますが、若い人を中心に支持を集めているタイプであり、造り手もそれを意識しています。このように、市場が求めている現代のお酒もしっかりと評価していきたいです。

もう1点、新しい取り組みとして始めた「ラベルデザイン」も非常に楽しかったです。「ジャケ買い」という言葉がありますが、現代のお酒にはそんな世界があってもいい。もちろん品質が伴うことが重要ですが、中も外も魅力的なお酒が増えていくといいですね。

大手蔵と中小蔵が競い合う
酒飲みにとって理想的な発展を

　6回目の開催を終えたばかりですが、すでに2018年の開催に向けて動き始めています。評価方法や部門など、多くの意見を取り入れて新しいことにも挑戦したいです。個人的な意見ですが、最近はアルコール度数が14度以下の比較的飲みやすいお酒が人気を集めてきています。そのようなトレンドのお酒も、何かしらの形で評価することができないかと考えているところです。

　今後は、SAKE COMPETITIONの規模をもっと拡大していきたいと考えています。まだ参加していない大手蔵から、地方で粛々と酒造りをしている小さな蔵まで、様々な蔵に参加してほしい。大小の蔵が競い合う中で、時にまったく無名の蔵が急に上位に入ってくるのは、ひとりの酒飲みとして非常にうれしいことです。全国の酒蔵さんには、これからもどんどんチャレンジしていただきたいです。

Profile

はせがわ・こういち／長年全国各地の酒蔵を巡り、高品質な日本酒を発掘・紹介してきた日本を代表する酒販店代表。SAKE COMPETITIONの立ち上げ、海外での日本酒PRなど、日本酒業界発展のための活動を続けている。

山形県酒造組合特別顧問
山形県酒スーパーアドバイザー
山形大学客員教授

小関敏彦

バラエティ豊かな日本酒を
評価できる独自のコンペティション

　SAKE COMPETITIONは今年で6回を迎えましたが、出品酒のレベルが確実に上がっていると感じています。それは醸造技術だけでなく、必要な設備への投資、熟成度（ピーキング）の判断など、多くの面で見ることができます。技術者の酒造りに対する真摯な取り組みが結果として現れてきているのではないでしょうか。

　高知県工業技術センターの上東治彦氏とともに提案した「グルコース別審査」が昨年から採用され、甘口の酒だけではなく辛口の酒も適正に評価されるようになってきました。日本酒業界全体の発展を考えると様々な地域・タイプの日本酒にスポットライトが当たることがベストです。今年の出品酒は香・味ともに幅が広がっているように感じ、好ましい傾向にあると思いました。また、SAKE COMPETITTONの特徴に、審査員の多彩さがあります。熟練したきき酒能力を持つ人からフレッシュな若手まで、毎年全国各地から招いて審査しています。これは一部地域の傾向だけでなく、より広い考えを取り入れようとしているコンペティションの考え方であり、多少のリスクがあると仰る意見も分かるのですが、評価方法の固定を避けるという側面を持つことになると思います。日本酒は国際的に評価される時代です。もっと表現力、バラエティのある酒が出てくることを期待していますし、SAKE COMPETITIONならば新しい酒も評価していけるでしょう。

Profile

こせき・としひこ／長年山形県工業技術センターに勤め、山形県の日本酒の発展に携わってきた功労者の一人。SAKE COMPETITONには審査員としての参加だけでなく、審査基準などの提案も積極的に行っている。

松本酒造特別顧問
京都電子工業技術顧問

勝木慶一郎

市販酒であるということは、
消費者への最大のプレゼントだ

　私は毎年審査員として携わらせていただいておりますが、年々規模が大きくなってきていることを実感しています。多くの日本酒のコンテストは参加蔵が特別に造るお酒で競いますが、対してSAKE COMPETITIONは市販酒のコンテストです。2つはスーパーカーと自家用車ほどの差があり、普段「公道」を利用している一般の消費者にとっては、審査軸が「市販酒」であることは最大のプレゼントになると考えております。審査方法もいかに市場のニーズに応えるかを考え、毎年改良を重ねてきました。消費者に価値のある情報を届けるという狙いが見える、非常に風通しのよいコンテストだと思います。

　コンテストのさらなる発展のために今後検討したいことは審査の区分です。市販酒であるため「値段」で分けてもいい、ワインのように原料の「品種」で分けてもいい。各地域の特色を出すため「地域」で分けてもいい。様々な切り口を示してあげることは、大規模なコンテストの面白さにつながるのではないでしょうか。

　日本酒は嗜好品です。賞と購入が必ずしも一致しないこともあります。それを非とするか、奥深い日本酒を楽しむ1つのヒントと考えるか。必ずしも正解がないところも、日本酒の魅力なのです。

Profile

かつき・けいいちろう／「東一」で知られる五町田酒造で長年製造責任者を務め、多くの酒造関係者が師と仰ぐ人物。現在は松本酒造特別顧問、京都電子工業の技術顧問を務め、積極的に全国の蔵元へ技術指導を行っている。

本書の見方 >

「SAKE COMPETITION2017」の全受賞銘柄を紹介します。酒のタイプ、審査員コメントと合わせて読み、目的に合った日本酒選びにお役立てください。

ランキング
ゴールド受賞はトップ10の順位を発表。

部門・賞
紹介する部門、ゴールドまたはシルバーを表記。

受賞酒名
受賞酒の正式名称。

受賞蔵情報
受賞蔵名、創業年、住所、杜氏（製造責任者も含む）、問合せ電話番号。株式会社などの組織名表記はすべて省略。

受賞酒データ
使用米、精米歩合、アルコール度数、使用酵母、本体価格（外税）、販売期間、販売方法。

受賞酒のタイプ
香り、味、ガス感の有無、飲用時の推奨温度。

受賞酒の紹介

ジャッジコメント
決審時の審査員コメントを抜粋して紹介。

純米酒
部門

Junmai

純米酒の規定は「純米」であることのみ。
日本酒の「基本」であるこの部門には、コストパフォーマンス
に優れ、幅広い味わいの日本酒が揃った。

	GOLD	10点
	SILVER	35点
	予選通過	176点

エントリー総数 | 448点

出品酒について | ・特定名称酒「純米酒」表示がされている清酒
・「特別純米酒」「山廃純米酒」「生酛純米酒」表示がされている清酒

RANK

1位

米の甘みが生きた フルーティーで キレのよい後味

720mℓ

DATA

[使用米]
国産米
[精米歩合]
(麹)60%
(掛)60%
[アルコール度数]
15度
[使用酵母]
1401号
[価格]
1,226円(720mℓ)
2,450円(1.8ℓ)
[販売期間]
通年
[販売方法]
特約店

TYPE

[香り]
☐ リンゴ系 ☑ バナナ系
☐ その他
[味]
すっきり ◆・・・・ 濃厚
[ガス感]
☐ あり ☑ なし
[推奨温度]
☑ 冷
(0 - 5 - 10 - 15 度)
☑ 常温 ☑ 燗

作
穂乃智
ざく
ほのとも

1　869（明治2）年に創業、鈴鹿市唯一の蔵元として国内外から高い評価を受ける清水清三郎商店の「作」。2000年のデビューから日本酒ファンの間で人気を呼び、伊勢志摩サミットの乾杯酒に選ばれたことでも知られる。

「作 穂乃智」は酒蔵を代表する「作」シリーズで最もスタンダードな純米酒。地元の米を中心に使った米の旨みあふれる飲み口で、フルーツのような甘い香りとのどごしの良いすっきりとした後味を併せ持つ淡麗タイプに仕上がった。和洋問わず様々な料理に合わせやすい定番酒として、幅広い世代に支持される。

受賞を受けて蔵元では「大変名誉なことで、とてもうれしく思います。長年の杜氏の努力と蔵人のチームワークが実を結びました」と喜びのコメント。

⌂ 清水清三郎商店
しみずせいざぶろうしょうてん

創業	1869年
住所	三重県鈴鹿市若松東3-9-33
杜氏	内山智広
問	☎059-385-0011

JUDGE'S COMMENTS

軽快でさわやかな吟醸香。米の旨みもほどよく乗っており、口の中で広がる。

メロン様の穏やかな香りと、やわらかくなめらかな味わい。口に含んだ瞬間に安心感を感じさせるお酒。

突出しない香り、ひたすら飲める味わい。個人的な評価でもトップ。

RANK

2位

料理に寄り添う
素朴でやさしい名脇役
としての日常酒

720mℓ

DATA

[使用米]
国産米
[精米歩合]
(麹)60%
(掛)60%
[アルコール度数]
15度
[使用酵母]
701号
[価格]
1,226円(720mℓ)
2,450円(1.8ℓ)
[販売期間]
通年
[販売方法]
特約店

TYPE

[香り]
☑ リンゴ系　☐ バナナ系
☐ その他
[味]
すっきり ◆・・・・ 濃厚
[ガス感]
☐ あり　☑ なし
[推奨温度]
☑ 冷
(⓪ - ⑤ - ⑩ - ⑮ 度)
☑ 常温　☑ 燗

作

玄乃智

ざく
げんのとも

※1 吟醸香　吟醸酒（吟醸・純米吟醸・大吟醸・純米大吟醸）に特有な果物のようなフルーティーな香り。

※2 食中酒　料理と合わせることで、料理の味を引き立てる日本酒。

鈴 鹿山脈の清らかな伏流水と伊勢平野の米をふんだんに使い、地元鈴鹿出身の杜氏が醸した清水清三郎商店の「作」。そのレギュラーシリーズから「玄乃智」も純米酒部門ゴールドを受賞。

同じくゴールドに輝いた「穂乃智」との大きな違いは酵母にあり、こちらはポピュラーで華やかな吟醸香※1を生む701号酵母を使用している。飲みくちはすっきりと軽く、青リンゴを思わせるさわやかな香りに、ほんのりと続く酸が生みだすシャープな味わいが特徴。酒自体が主張する個性は控えめなので、食中酒※2として様々な料理の味を引き立ててくれる。

そのまま冷でさっぱりといただくのもよし、燗にすると米の甘みが増し旨みをより感じられる。

清水清三郎商店

しみずせいざぶろうしょうてん

創業　1869年
住所　三重県鈴鹿市
　　　若松東3-9-33
杜氏　内山智広
問　　☎059-385-0011

JUDGE'S COMMENTS

穂乃智よりさらに大人しめな酒質で品のある味わは共通。1、2位フィニッシュは見事！

草木を思わせるさわやかな上立ち香、甘みと酸のバランスがよく、軽快感が特徴。切れ味も抜群。

酢酸イソアミル主体の吟醸香があり華やか。キレイですっきりとした味わい、キレもよい。

RANK

3位

オール呉産
大吟醸造りで醸す

穏やかで上品な純米

720mℓ

DATA

[使用米]
八反錦
[精米歩合]
(麹)60%
(掛)60%
[アルコール度数]
16度
[使用酵母]
901号
[価格]
1,350円(720mℓ)
2,700円(1.8ℓ)
[販売期間]
限定(年2回)
※生酒を1月、火入れを
その後販売
[販売方法]
特約店

TYPE

[香り]
☐ リンゴ系　☑ バナナ系
☐ その他
[味]
すっきり・◆・・・濃厚
[ガス感]
☐ あり　☑ なし
[推奨温度]
☑ 冷
(0 - 5 - **10** - 15 度)
☐ 常温　☐ 燗

※1 パストライザー　日本酒を瓶詰め後に加熱処理（火入れ）する瓶火入れを自動化した機械。

雨後の月

純米酒 呉未希米

うごのつき
じゅんまいしゅ くれみきまい

1 875（明治8）年創業、すべての酒を大吟醸造りで醸し、冷蔵で長時間熟成しているという相原酒造。蔵を代表する「雨後の月」は、数々の鑑評会で受賞歴を持つ実力派だ。

ゴールドを受賞した「雨後の月 純米酒 呉未希米」は、呉で契約栽培した八反錦を100％使用。大吟醸と同様に醸し、パストライザー※1＆クーラーでボトリング後、冷蔵でゆっくりと熟成するというこだわりの造り方が特徴。バナナ系のやわらかな香りと上品ですっきりとした味わいで、心地よい余韻を残す。白身魚の刺身や塩焼き、豆腐料理などさっぱりとした料理との相性がよく、飲み疲れしないのもうれしい。蔵元は、オール呉産として初めて醸した純米酒が入賞したことに大きな手応えを感じているようだ。

🏠 相原酒造

あいはらしゅぞう

創業　1875年
住所　広島県呉市
　　　仁方本町1-25-15
杜氏　堀本敦志
問　　☎0823-79-5008

JUDGE'S COMMENTS

さらりとしたなめらかさとふくらみがある。キレのよさは抜群。

穏やかな香りとなめらかなボディにより、全体が非常によくまとまりを感じさせるお酒。

酢酸イソアミル主体の華やかな吟醸。味わいあって香りとの調和がよい。

SAKE COMPETITION 2017 / 純米酒 部門 / ● GOLD 受賞
SAKE COMPETITION has the world
most number of entry and the competition
only for Japanese sake.

RANK

4 位

カジュアルに楽しみたい

さわやかで

透明感あふれる余韻

1.8ℓ

DATA

[使用米]
山田錦
[精米歩合]
(麹)55%
(掛)55%
[アルコール度数]
16度
[使用酵母]
静岡酵母
[価格]
2,800円(1.8ℓ)
[販売期間]
通年
[販売方法]
一般流通、蔵元直売あり

TYPE

[香り]
□ リンゴ系　☑ バナナ系
☑ その他(マスカット系
　　　／梨系)
[味]
すっきり・・◆・・濃厚
[ガス感]
□ あり　☑ なし
[推奨温度]
☑ 冷
(❶ - ❺ - ❿ - ⓮ 度)
□ 常温　□ 燗

開運

純米 山田錦

かいうん
じゅんまい やまだにしき

静岡県掛川市で、1872（明治5）年より酒造りを続ける土井酒造場。純米酒部門でゴールドを受賞した「開運 純米 山田錦」は、精米55％の山田錦に静岡酵母を使い、5度の低温で半年間熟成させたこだわりの逸酒だ。

気取らない普段飲みにぴったりのカジュアルな味わいで、バナナやマスカットを思わせるフルーティーでさわやかな香りの中に、山田錦らしい優しい甘みが生きている。合わせる料理は選ばないが、スパイスが効いたものなど香りのある食事との相性が特によい。受賞に際して蔵元は「静岡の決して派手ではないお酒で受賞でき、蔵としての方向性が間違っていなかったと感じました。静岡県全体でお酒造りの技術向上を皆で共有できればうれしいです」とコメントを寄せた。

土井酒造場

どいしゅぞうじょう

創業　1872年
住所　静岡県掛川市
　　　小貫633
杜氏　榛葉農
問　☎0537-74-2006

RANK

5位

控えめながら
バランスのよさが際立つ

宮城のホープ

720mℓ

DATA

[使用米]
蔵の華
[精米歩合]
(麹)60%
(掛)60%
[アルコール度数]
15度
[使用酵母]
宮城酵母
[価格]
1,250円(720mℓ)
2,500円(1.8ℓ)
[販売期間]
通年
[販売方法]
特約店

TYPE

[香り]
☐ リンゴ系　☑ バナナ系
☐ その他
[味]
すっきり・◆・・・濃厚
[ガス感]
☐ あり　☑ なし
[推奨温度]
☑ 冷
(0 - **5** - 10 - 15 度)
☐ 常温　☑ 燗

山和

特別純米

やまわ
とくべつじゅんまい

宮城県加美郡に蔵を構える山和酒造店。「わしが國」と並び蔵を代表する「山和」は、7代目となる伊藤大祐氏が大学卒業後、蔵に戻って開発した新しいブランドだ。

宮城県産の原料にこだわっており、宮城県の酒造好適米・蔵の華を60%まで磨き、低温発酵でじっくりと醸造。バナナ系のほのかな吟醸香にやわらかい口当たりが上品で、そのバランスの良さが高い評価につながっている。純米吟醸と比べるとやや淡麗で酸があり、食事との相性も抜群。冷やすかぬる燗にて飲むのが蔵元のおすすめだ。受賞について「派手で目立つ酒ではなく食事を引き立てるタイプなので、受賞は難しいと思っていましたが、そこを評価していただき蔵人全員で喜んでおります！」とコメント。

⌂ 山和酒造店

やまわしゅぞうてん

創業	1896年
住所	宮城県加美郡 加美町字南町109-1
杜氏	伊藤大祐
問	☎0229-63-3017

JUDGE'S COMMENTS

爽快な香りが特徴。すっきりとしたキレイさがある。

口にした瞬間から、味わったあとの余韻まで、一連の流れがスムーズ。

酸を感じ、飲みあきのこないフレッシュな味わい。

SAKE COMPETITION 2017　／ 純米酒 部門　／ ● GOLD 受賞 ／

*SAKE COMPETITION has the world
most number of entry and the competition
only for Japanese sake.*

RANK

6 位

冷蔵販路限定を徹底

食材の旨みを引き出す

究極の食中酒

720mℓ

DATA

[使用米]
山田錦
[精米歩合]
(麹)60%
(掛)60%
[アルコール度数]
16度
[使用酵母]
自社酵母
[価格]
1,300円(720mℓ)
2,500円(1.8ℓ)
[販売期間]
通年
[販売方法]
特約店

特別純米
伯楽星
はくらくせい
HAKURAKUSEI

TYPE

[香り]
□ リンゴ系　☑ バナナ系
□ その他
[味]
すっきり・◆・・・濃厚
[ガス感]
□ あり　☑ なし
[推奨温度]
☑ 冷
(⓪ - ❺ - ⑩ - ⑮ 度)
□ 常温　□ 燗

伯楽星

特別純米

はくらくせい
とくべつじゅんまい

東　日本大震災の被害を受け、1873（明治6）年より蔵を構えていた宮城県大崎市三本木から川崎町に蔵を新設した新澤醸造店。「荒城の月」で知られる詩人・土井晩翠が愛した酒「あたごのまつ」とともに看板を背負う「伯楽星」がゴールドを受賞した。"究極の食中酒"をコンセプトに造られた「伯楽星」は、食事の最後までおいしく感じられるよう酒自体の糖分を低く仕上げている。甘さがさらっと消えていくキレのよさは杯を進めるごとに生き、日本酒ファンの間では「3杯目が旨い」との評判。ワイングラスなど縁の薄いグラスで楽しむのがよりおいしさを引き立てる。蔵元は「お料理の味わいを最大限に引き立たせる酒質を今後もブレることなく追求してまいります」と今後の意気込みを語る。

🏠 新澤醸造店

にいざわじょうぞうてん

創業	1873年
住所	宮城県大崎市三本木字北町63
杜氏	新澤巌夫
問	☎0229-52-3002

JUDGE'S COMMENTS

白桃のような瑞々しさ。透明感がありつつ、程よい甘みを帯びている。

穏やかであるが、全体に締まりがあり、切れ味にも優れている。どんな食事にも合わせられる。

酢酸イソアミル主体の華やかな吟醸香。軽快でなめらかな味わいにまとまる。

RANK

7 位

会津を牽引する
スター蔵元が醸す
職人気質な超人気酒

1.8ℓ

DATA

[使用米]
(麹)山田錦
(掛)五百万石
[精米歩合]
(麹)50%
(掛)55%
[アルコール度数]
16.3度
[使用酵母]
9号+10号ブレンド
[価格]
2,600円(1.8ℓ)
[販売期間]
通年
[販売方法]
特約店

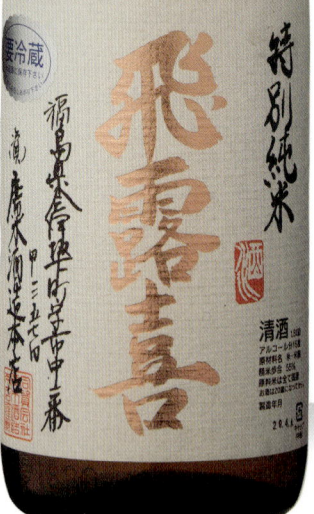

TYPE

[香り]
□ リンゴ系　□ バナナ系
☑ その他(メロン系)
[味]
すっきり・・・◆・濃厚
[ガス感]
□ あり　☑ なし
[推奨温度]
☑ 冷
(⓪ - ⑤ - ❿ - ⓯ 度)
□ 常温　□ 燗

26

※1 酒質　お酒の「香や味」などの品質や特徴を指す。

飛露喜

特別純米

ひろき
とくべつじゅんまい

江戸時代中期に創業したという会津坂下町の歴史ある酒蔵・廣木酒造本店。現社長が1999年に生み出した「飛露喜」は、日本酒ファンの間にその名を馳せ、品薄のため高値で取引されることもある人気酒となった。

　地元産の五百万石を55％まで磨いた掛米、山田錦を50％精米した麹米を2割5分合わせて造り上げる「特別純米」は、メロンのような華やかな香りの中にしっかりとした旨さがあり、クリアで深みのある余韻が特徴だ。

　オールマイティーに楽しめる酒質※1だが、稀少価値も相まって、人生の節目となるような特別な日に飲みたい酒として贈り物にも重宝される。「酒質のブレなく再現性の高い酒造り」にこだわる真面目な職人気質が、高い品質と根強い人気を育んでいる。

⌂ **廣木酒造本店**

ひろきしゅぞうほんてん

創業　江戸時代中期
住所　福島県河沼郡会津坂下町字
　　　市中二番甲3574
杜氏　廣木健司
問　　☎0242-83-2104

JUDGE'S C⬤MMENTS

ジューシーで深い奥行きがある。旨み、コクを感じる。

華やかではないが、心地よい香りがある。控えめながら存在感のあるボディ感のバランスが絶妙。

風格を感じさせる、時流に乗らない酒。王道を感じる。

SAKE COMPETITION 2017 / 純米酒 部門 / ● GOLD 受賞
SAKE COMPETITION has the world
most number of entry and the competition
only for Japanese sake.

RANK

8 位

奈半利川の
超軟水を生かした

土佐の淡麗辛口

720mℓ

DATA

[使用米]
松山三井
[精米歩合]
(麹)60%
(掛)60%
[アルコール度数]
15度
[使用酵母]
701号
[価格]
1,150円(720mℓ)
2,350円(1.8ℓ)
[販売期間]
通年
[販売方法]
特約店

TYPE

[香り]
□ リンゴ系　☑ バナナ系
□ その他
[味]
すっきり・◆・・・濃厚
[ガス感]
□ あり　☑ なし
[推奨温度]
☑ 冷
(⓪ - ⑤ - ⑩ - ⑮ 度)
☑ 常温　□ 燗

純米酒

SHINTARO

Junmai Sake

BIJOFU

美丈夫

純米 慎太郎

びじょうふ
じゅんまい しんたろう

※1 前急後緩型＝醪の発酵型式の一つ。前半は発酵が急激に進み、後半は発酵が弱くなる型。逆に、前半後急型の醸酵型式もある。
※2 醪＝酒母・麹・蒸米・水から造る発酵中の液体。米の「溶解・糖化」と酵母の「増殖・発酵」という過程が平行して進行しているもの。
※3 低温発酵＝醪の発酵時、低温で保つことでゆっくりと発酵させる手法。吟醸型の酒質に適している。

高　知県の蔵元の中で最も東に位置する酒蔵・濵川商店。蔵のスタンダードな「美丈夫」シリーズから、坂本龍馬と並ぶ土佐出身の幕末志士・中岡慎太郎の名を冠した純米酒が8位にランクインした。

　奈半利川の伏流水を仕込み水に使い、その超軟水が生きるように力強い麹を造り上げる。前急後緩型※1の醪※2で仕上げたキレの良い辛口だ。少量仕込み、低温発酵※3で出荷まで徹底した品質管理を行うのも蔵元のこだわり。

　飲み方は冷やすかまたは常温でがおすすめ。スッと入るクリアな飲み口とは裏腹に、力強さとキレ味のよさをしっかりと併せ持つ。さわやかな酸が口の中をリフレッシュしてくれるので、食中酒としていただくことで真価を発揮する酒だ。

濵川商店

はまかわしょうてん

創業	1904年
住所	高知県安芸郡田野町2150
杜氏	小原昭
問	☎0887-38-2004

JUDGE'S COMMENTS

イソアミル系のすっきりとしたさわやかな香り。バランスがよい。

ほのかに感じる麹の香りがフレッシュ感を増している。口中でのふくらみ、あとキレのよさが印象的。

酢酸イソアミル主体の華やかな吟醸香、軽快ですっきりした味わい。

SAKE COMPETITION 2017 / 純米酒 部門 / ● GOLD 受賞

SAKE COMPETITION has the world most number of entry and the competition only for Japanese sake.

RANK

9位

福島流吟醸造りを

守る若き杜氏の

挑戦的作品

720mℓ

DATA

[使用米]
夢の香
[精米歩合]
(麹)55%
(掛)55%
[アルコール度数]
16度
[使用酵母]
TM-1
[価格]
1,350円(720mℓ)
2,700円(1.8ℓ)
[販売期間]
通年
[販売方法]
特約店

TYPE

[香り]
☐ リンゴ系　☑ バナナ系
☐ その他
[味]
すっきり・・◆・・濃厚
[ガス感]
☐ あり　☑ なし
[推奨温度]
☑ 冷
(⓪ - ⑤ - ⑩ - ⑮ 度)
☑ 常温　☐ 燗

廣戸川

特別純米

ひろとがわ
とくべつじゅんまい

1 00年以上にわたり福島県天栄村で酒造りを続ける松崎酒造店。東日本大震災をきっかけに現杜氏である松崎祐行氏が後を継ぎ、造り方を改革。直後より各品評会で毎年高い評価を受けるなど、注目を集めている。

「廣戸川 特別純米」は、福島県産の夢の香を55％まで磨き、仕込み水には中硬水を使用。"福島流吟醸造り"で丁寧に醸した純米酒だ。さわやかな飲み口ながら、口に含むとふんわりと広がるのはバナナを思わせる香りとコク。後には米のやわらかな甘みがほのかに残る。

受賞について蔵元は「まずはお客様が気軽に飲んでいただける市販酒のレベルを高めていこう、という蔵人の想いが実を結んだ結果」と真摯な言葉。

松崎酒造店

まつざきしゅぞうてん

—

創業 1892年
住所 福島県岩瀬郡天栄村大字
下松本字要谷47-1
杜氏 松崎祐行
問 ☎0248-82-2022

JUDGE'S COMMENTS

上品な甘みがある。柔らかく丸みを帯びた酒質はとても優しい。

なめらかであとキレもよく、非常に綺麗で透明感がある。お酒自体の味も優れ、かつ食事にも合わせやすい。

おだやかな酢酸エステルの香り。味にまとまりありバランスもよい。

RANK

10位

日本三大美林が育んだ、まろやかで美しい余韻

特別純米
Tokubetsu Junmai
美丈夫
BIJOFU

720mℓ

DATA

[使用米]
松山三井
[精米歩合]
(麹)60%
(掛)60%
[アルコール度数]
15度
[使用酵母]
熊本系
[価格]
1,150円(720mℓ)
2,350円(1.8ℓ)
[販売期間]
通年
[販売方法]
特約店

TYPE

[香り]
☐ リンゴ系　☑ バナナ系
☐ その他
[味]
すっきり・◆・・・濃厚
[ガス感]
☐ あり　☑ なし
[推奨温度]
☑ 冷
(0 - 5 - 10 - 15 度)
☑ 常温　☑ 燗

美丈夫

特別純米酒

びじょうふ
とくべつじゅんまいしゅ

※1 上立ち香　日本酒から感じる揮発性の香り。

濱川商店の「美丈夫」シリーズから、「慎太郎」に続き「特別純米酒」もゴールドを受賞。

愛媛県産の松山三井を60％まで磨き、熊本系酵母で低温にてじっくりと醸した淡麗辛口。フルーティーな上立香※1で、口に含むとふっくらとした米の甘みと程よい酸が広がり、後キレのよいすっきりとした余韻を残す。

食事に合わせて2杯目3杯目も飽きさせない。和食はもちろん、ビネガーやオリーブオイルを使ったイタリアンやフレンチなど洋食とも相性が良い。飲み方は少し冷やして、またはぬる燗もおすすめだ。今後について蔵元は「飲みくち、香味、後切れがバランスよく調和した飲むほどに杯が進む、食中酒としての日本酒を目指したい」と意気込みを語っている。

⌂ 濱川商店

はまかわしょうてん

創業　1904年
住所　高知県安芸郡
　　　田野町2150
杜氏　小原昭
問　☎0887-38-2004

JUDGE'S COMMENTS

心地よい馥郁がる香りとさわやかな酸がある。キレがよい。

キビキビとした酸がある。全体を引き締める渋み、スッと消えるような後味が特徴的。

同蔵の「慎太郎」よりもやや酸を感じる。お燗酒にもいいだろう。

福祝

山田錦55 特別純米酒
ふくいわい やまだにしき55 とくべつじゅんまいしゅ

藤平酒造 とうへいしゅぞう
創業 1716年
住所 千葉県君津市久留里市場147
杜氏 藤平典久　問 ☎0439-27-2043

720mℓ

兄弟3人で仕込む久留里の名酒

1716（享保元）年創業、古くから城下町として栄えた千葉県の久留里で300年に渡って酒造りを続けてきた藤平酒造。「福祝 山田錦55特別純米酒」は、深さ数百メートルの井戸から湧き出る久留里の名水をもとに、55％まで磨いた山田錦を醸した定番酒。グラスに注ぐとメロンの甘く穏やかな香りが広がり、口当たりはやわらか。冷や常温はもちろん燗にするとふくよかな米の旨みが増す。

DATA
[使用米]山田錦
[精米歩合]（麹）55％／（掛）55％
[アルコール度数]15度以上16度未満
[使用酵母]1501号
[価格]1,350円（720mℓ）／2,600円（1.8ℓ）
[販売期間]通年
[販売方法]一般流通、蔵元直売あり

TYPE
[香り] ☐ リンゴ系 ☐ バナナ系 ☑ その他（メロン系）
[味] すっきり・・・◆・濃厚
[ガス感] ☐ あり ☑ なし
[推奨温度] ☑ 冷 （0 - 5 - **10** - 15 度） ☑ 常温 ☑ 燗

あたごのまつ

特別純米 雄町GP
あたごのまつ とくべつじゅんまい おまちグランプリ

新澤醸造店 にいざわじょうぞうてん
創業 1873年
住所 宮城県大崎市三本木字北町63
杜氏 新澤巖夫　問 ☎0229-52-3002

1.8ℓ

岡山県産米が絶妙にマッチした特別醸造酒

SAKE COMPETITION 2016純米酒部門で1位を獲得した記念に醸造された新澤醸造店の限定酒。

副賞で贈られた岡山県産雄町を60％まで精米し醸した特別な「あたごのまつ」は、バナナのようなさわやかな味わいで、柑橘系の酸が続く。すっきりとキレがよく、食中酒にぴったりの1本だ。飲み方は5度前後によく冷やし、縁の薄いグラスにていただくのがおすすめだ。

DATA
[使用米]雄町
[精米歩合]（麹）60％／（掛）60％
[アルコール度数]16度
[使用酵母]宮城酵母
[価格]2,480円（1.8ℓ）
[販売期間]限定（年1回）
[販売方法]特約店

TYPE
[香り] ☐ リンゴ系 ☑ バナナ系 ☐ その他
[味] すっきり・◆・・・濃厚
[ガス感] ☐ あり ☑ なし
[推奨温度] ☑ 冷 （0 - **5** - 10 - 15 度） ☐ 常温 ☐ 燗

開運
純米 雄町
かいうん じゅんまい おまち

土井酒造場 どいしゅぞうじょう
創業　1872年
住所　静岡県掛川市小貫633
杜氏　榛葉農　　問　☎0537-74-2006

1.8ℓ

オマチストに捧ぐ! 雄町100%開運

　酒造好適米として近年注目を集めている雄町で造られた「開運」。雄町の中でも最高峰と言われる岡山県赤磐地区産の雄町を100%使用し、55%まで贅沢に磨き醸した。バナナや梨のようなフレッシュな吟醸香を持ち、芳醇な旨みが口いっぱいに広がる淡麗タイプ。特に魚料理との相性が抜群で、焼き魚や煮魚、刺身など様々なマリアージュが楽しめる。

[DATA]
[使用米]雄町
[精米歩合](麹)55%／(掛)55%
[アルコール度数]16度
[使用酵母]静岡酵母
[価格]2,800円(1.8ℓ)
[販売期間]通年
[販売方法]一般流通、蔵元直売あり

[TYPE]
[香り]　☐ リンゴ系　☑ バナナ系　☑ その他(梨系)
[味]　すっきり・・◆・・濃厚
[ガス感]　☐ あり　☑ なし
[推奨温度]　☑ 冷　([0] - [5] - [10] - [15] 度)　☐ 常温　☐ 燗

大典白菊
純米酒 白菊米
たいてんしらぎく じゅんまいしゅ しらぎくまい

白菊酒造 しらぎくしゅぞう
創業　1886年
住所　岡山県高梁市成羽町下日名163-1
杜氏　三宅祐治　　問　☎0866-42-3132

720mℓ

幻の酒米・白菊の旨みを最大限に引き出す

　岡山県で1886（明治19）年から日本酒を造る白菊酒造。「大典白菊 純米酒 白菊米」は、看板銘柄と同じ名を持つ幻の酒米・白菊を10年かけて復活。蔵秘蔵の酵母を組み合わせて低温熟成させた。造りはもちろん、瓶詰め時の火入れのタイミングや保存方法にこだわって仕上げている。飲み方は軽く冷やして。干物や炊合せ、味噌料理などしっかりした味付けの料理によく合う。

[DATA]
[使用米]白菊
[精米歩合](麹)65%／(掛)65%
[アルコール度数]16.5度
[使用酵母]自社酵母
[価格]1,300円(720mℓ)／2,600円(1.8ℓ)
[販売期間]通年
[販売方法]一般流通、蔵元直売あり

[TYPE]
[香り]　☑ リンゴ系　☐ バナナ系　☐ その他
[味]　すっきり・・◆・・濃厚
[ガス感]　☐ あり　☑ なし
[推奨温度]　☑ 冷　([0] - [5] - [10] - [15] 度)　☐ 常温　☐ 燗

勝山

「縁」特別純米

かつやま えん とくべつじゅんまい

仙台伊澤家 勝山酒造
せんだいいざわけ かつやましゅぞう
創業 1688年
住所 宮城県仙台市泉区福岡字二又25-1
杜氏 後藤光昭　問 ☎022-348-2611

720mℓ

透明感のある濃醇旨口

　仙台伊澤家 勝山酒造が醸す高スペック純米酒。純米酒ながら限定吸水洗米、低温長期発酵、槽搾り、活性炭不使用、早瓶火入れ、-5度の氷温貯蔵などを行うことで、味わい豊かな旨口酒ながらも雑味やオフフレーバーが極めて少ない酒に仕上がっている。仙台市泉区根白石産「ひとめぼれ」によるやわらかく素直な味わいは 素材感を生かした料理と好相性をみせる。

DATA
[使用米]ひとめぼれ
[精米歩合](麹)55%／(掛)55%
[アルコール度数]15度
[使用酵母]宮城酵母
[価格]1,650円(720mℓ)／3,000円(1.8ℓ)
[販売期間]通年
[販売方法]特約店

TYPE
[香り]	□ リンゴ系	☑ バナナ系
	□ その他	
[味]	すっきり・・◆・・濃厚	
[ガス感]	□ あり	☑ なし
[推奨温度]	☑ 冷　(⓿ - ❺ - ❿ - ⓯ 度)	
	□ 常温	□ 燗

蒼天伝

美禄 特別純米酒 初呑切り 夏風薫る 暁の輝露

そうてんでん びろく とくべつじゅんまいしゅ はつのみきり なつかぜかおる あかつきのきろ

男山本店
おとこやまほんてん
創業 1912年
住所 宮城県気仙沼市入沢3-8
杜氏 柏大輔　問 ☎0226-24-8088

720mℓ

青葉のように若さあふれるフレッシュな夏酒

　1912（大正元）年創業、気仙沼の気候と風土を酒造りに込める男山本店。四季に合わせて出荷される「蒼天伝 美禄」から夏季限定バージョンが純米酒部門に入賞。初夏から水揚げされる気仙沼の鰹に合う酒質をイメージし、冬に仕込み春に搾ったフレッシュな純米酒。米の豊かなふくらみと、さわやかな酸が程よく調和する。飲み方は常温または15度前後で。少し冷やすとキリッとしたのどごしが楽しめる。

DATA
[使用米]山田錦
[精米歩合](麹)55%／(掛)55%
[アルコール度数]16度
[使用酵母]みやぎマイ酵母
[価格]1,500円(720mℓ)／2,900円(1.8ℓ)
[販売期間]限定(6〜8月)
[販売方法]特約店、蔵元直売あり

TYPE
[香り]	☑ リンゴ系	□ バナナ系
	□ その他	
[味]	すっきり・◆・・・濃厚	
[ガス感]	□ あり	☑ なし
[推奨温度]	☑ 冷　(⓿ - ❺ - ❿ - ⓯ 度)	
	☑ 常温	□ 燗

鶯咲
特別純米酒
おうさき とくべつじゅんまいしゅ

🏠 寒梅酒造 かんばいしゅぞう
創業　1957年
住所　宮城県大崎市古川柏崎字境田15
杜氏　岩﨑健弥　問　☎0229-26-2037

720mℓ

可憐で優しい味わいに復興への願いを込めて

　酒蔵の前に広がる自社田育ちの酒米を使い、地元に寄り添う酒造りを行う宮城県の寒梅酒造。東日本大震災で被害を受けた地元・大崎の復興を願い造られた日本酒がこの「鶯咲」だ。クセがなく適度にやわらかな口当たりで、まろやかな米の旨みが優しく上品。控え目な中にも美しい余韻を残していく。魚料理などさっぱりとした料理との相性がよく、軽く冷やしてお猪口でゆっくりと味わうのが蔵元の推奨スタイル。

DATA

[使用米]愛国
[精米歩合](麹)55％／(掛)55％
[アルコール度数]15度
[使用酵母]宮城酵母
[価格]未定(720mℓ)
[販売期間]通年
[販売方法]特約店、蔵元直売あり

TYPE

[香り]　□ リンゴ系　☑ バナナ系
　　　　□ その他
[味]　　すっきり・◆・・・濃厚
[ガス感]　□ あり　☑ なし
[推奨温度]　☑ 冷　(❶ - ❺ - ❿ - ⓯ 度)
　　　　　　□ 常温　□ 燗

土佐しらぎく
ぼっちり 特別純米
とさしらぎく ぼっちり とくべつじゅんまい

🏠 仙頭酒造場 せんとうしゅぞうじょう
創業　1903年
住所　高知県安芸郡芸西村和食甲1551
杜氏　仙頭竜太　問　☎0887-33-2611

720mℓ

シーンを選ばず楽しめる "ぼっちり" な酒

　酒米は全量手洗い、麹造りも全て手作業で行う手造りにこだわる仙頭酒造場。土佐弁で「丁度良い」という意味の「ぼっちり」と名付けられた純米酒が入賞。柑橘系の穏やかな香りに瑞々しくフレッシュな飲み口で、米の旨味の中にほんのりと酸を感じる優しい味が広がる。様々な料理との相性も良く、冷から燗まで幅広く楽しめるオールマイティーな1本だ。

DATA

[使用米]国産米100％
[精米歩合](麹)60％／(掛)60％
[アルコール度数]15度
[使用酵母]高知酵母
[価格]1,175円(720mℓ)／2,350円(1.8ℓ)
[販売期間]通年
[販売方法]特約店

TYPE

[香り]　□ リンゴ系　□ バナナ系
　　　　☑ その他(柑橘系)
[味]　　すっきり・◆・・・濃厚
[ガス感]　□ あり　☑ なし
[推奨温度]　☑ 冷　(❶ - ❺ - ❿ - ⓯ 度)
　　　　　　☑ 常温　☑ 燗

華鳩

杜氏自ら育てた米で醸した特別純米酒

はなはと とうじみずからそだてたこめでかもしたとくべつじゅんまいしゅ

🏠 **榎酒造**（えのきしゅぞう）
創業 1899年
住所 広島県呉市音戸町南隠渡2-1-15
杜氏 藤田忠　問 ☎0823-52-1234

苗から育てた「吟のさと」で一酒入魂の酒造り

720mℓ

「音戸の瀬戸」で知られる呉市音戸町に明治より蔵を構える榎酒造。藤田杜氏が田植えから収穫に至るまで丹精込めて育てた酒米 "吟のさと" を100％使った限定酒が入賞した。仕込み水には中軟水を使い、熊本酵母でじっくりと吟醸造り[1]に取り組む。ブドウ系の甘酸っぱい香りが特徴で、口に含むとなめらかな口当たりの後に優しい旨みが広がる。程よい酸が残り、後味を引き締める。

DATA

[使用米]吟のさと
[精米歩合](麹)60%／(掛)60%
[アルコール度数]15度
[使用酵母]熊本酵母
[価格]1,200円(720mℓ)／2,400円(1.8ℓ)
[販売期間]限定(720mℓ600本、1.8ℓ300本)
[販売方法]一般流通、蔵元直売あり

TYPE

[香り] □ リンゴ系 □ バナナ系　☑ その他(ブドウ系)
[味] すっきり・・◆・・濃厚
[ガス感] ☑ あり □ なし
[推奨温度] ☑ 冷 （⓪-⑤-❿-⓯ 度 ）　☑ 常温 ☑ 燗

大盃

手造り純米

おおさかずき てづくりじゅんまい

🏠 **牧野酒造**（まきのしゅぞう）
創業 1690年
住所 群馬県高崎市倉淵町権田2625-1
杜氏 岩清水文雄　問 ☎027-378-2011

地元に愛され続ける素朴で真面目な地酒

720mℓ

群馬県高崎市に蔵を構える牧野酒造は、327年の歴史を持つ県内最古の蔵元。品質の高い地酒造りが評価され、数々の受賞歴を持つ。「大盃 手造り純米酒」は、「開運」で知られる土井酒造場で酒造りを学んだ18代目が南部杜氏とともに醸した酒。口に含むと甘くやわらかな香りが広がり、すっきりと後キレのよいやや辛口な酒質に仕上がった。冷やすかぬる燗で、素朴な家庭料理によく合う。

DATA

[使用米]非公開
[精米歩合](麹)60%／(掛)60%
[アルコール度数]15度
[使用酵母]非公開
[価格]1,100円(720mℓ)／2,200円(1.8ℓ)
[販売期間]通年
[販売方法]一般流通、蔵元直売あり

TYPE

[香り] □ リンゴ系 ☑ バナナ系　□ その他
[味] すっきり・・◆・・濃厚
[ガス感] □ あり ☑ なし
[推奨温度] ☑ 冷 （⓪-⑤-❿-⓯ 度 ）　□ 常温 □ 燗

あたごのまつ

特別純米 ひより

あたごのまつ とくべつじゅんまい ひより

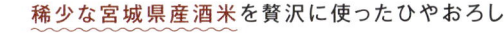

新澤醸造店 にいざわじょうぞうてん

創業　1873年

住所　宮城県大崎市三本木字北町63

杜氏　新澤巖夫　　問　☎0229-52-3002

720mℓ

稀少な宮城県産酒米を贅沢に使ったひやおろし

純米酒部門で6位と12位にランクインしている新澤醸造店の秋季限定ひやおろし。特別契約栽培された宮城の稀少好適米“ひより”を贅沢に使用しながら、リーズナブルな価格を実現した1本。バナナを思わせる吟醸香に、ひよりの旨みがしっかりと生かしながら、口当たりは軽やか。後にはさわやかな酸がスッと余韻を残していく。飲み方は良く冷やして、緑の薄いグラスで。

DATA

[使用米]ひより

[精米歩合](麹)60%／(掛)60%

[アルコール度数]16度

[使用酵母]宮城酵母

[価格]1,500円(720mℓ)／2,430円(1.8ℓ)

[販売期間]限定(9〜10月)

[販売方法]特約店

TYPE

[香り]　☐ リンゴ系　☑ バナナ系　☐ その他

[味]　すっきり・◆・・・濃厚

[ガス感]　☐ あり　☑ なし

[推奨温度]　☑ 冷　（0 - **5** - **10** - 15 度）　☐ 常温　☐ 燗

文佳人

liseur 特別純米

ぶんかじん リズール とくべつじゅんまい

アリサワ アリサワ

創業　1877年

住所　高知県香美市土佐山田町西本町1-4-1

杜氏　有澤浩輔　　問　☎0887-52-3177

720mℓ

読むように味わいたい知的美人の酒

明治より高知で酒造りを続けるアリサワの代表銘柄「文佳人」。「liseur」とは「精読者」という意味だ。昔ながらの酒槽でじっくり搾った後、直ちに瓶詰め火入れを行い、徹底して温度管理にこだわる。テーブルワインをイメージした芳醇な味わいで、バナナやマスカットを思わせるさわやかな香りと酸が心地よいのどごしを生む。杯を重ねても飽きのこない晩酌に適した食中酒。

DATA

[使用米]非公開

[精米歩合](麹)55%／(掛)55%

[アルコール度数]16.5度

[使用酵母]非公開

[価格]1,250円(720mℓ)／2,500円(1.8ℓ)

[販売期間]通年

[販売方法]特約店

TYPE

[香り]　☐ リンゴ系　☑ バナナ系　☐ その他

[味]　すっきり・◆・・・濃厚

[ガス感]　☑ あり　☐ なし

[推奨温度]　☑ 冷　（0 - **5** - 10 - 15 度）　☐ 常温　☐ 燗

※1 吟醸造り　伝統的に米をよく磨き、低温で発酵、特有な芳香(吟香)を有する醸造方法。上品で高品質な酒質に仕上がる。

紀土

無量山 純米酒

きっど むりょうざん じゅんまいしゅ

⌂ **平和酒造** へいわしゅぞう
創業　1928年
住所　和歌山県海南市溝ノ口119
杜氏　柴田英道　問　☎073-487-0189

720mℓ

紀州の風土が生きたまろやかなコク

梅酒「鶴梅」でも有名な和歌山県の平和酒造。日本酒定番商品の「紀土」の中でも最高峰シリーズとなる「無量山 純米酒」がシルバーを受賞。兵庫県産特A地区の山田錦を地元和歌山の清らかな湧水で醸した。バナナのような甘い香りに、米のまろやかなコクが響く。キレもよく、喉にすっきりとした余韻を残していく。飲み方は冷から燗まで幅広く、様々な楽しみ方ができる。

DATA

[使用米]山田錦
[精米歩合](麹)50%／(掛)60%
[アルコール度数]15度
[使用酵母]701号
[価格]1,900円(720mℓ)
[販売期間]通年(2017年発売予定)
[販売方法]特約店

TYPE

[香り]　☐ リンゴ系　☑ バナナ系
　　　　☐ その他
[味]　　すっきり・◆・・・濃厚
[ガス感]☐ あり　☑ なし
[推奨温度]☑ 冷（ ❶-❺-❿-⓯ 度 ）
　　　　☑ 常温　☑ 燗

華鳩

特別純米酒

はなはと とくべつじゅんまいしゅ

⌂ **榎酒造** えのきしゅぞう
創業　1899年
住所　広島県呉市音戸町南隠渡2-1-15
杜氏　藤田忠　問　☎0823-52-1234

720mℓ

日々の疲れを癒やすほっこり優しい飲み心地

同部門で複数入賞を果たした銘酒蔵・榎酒造「華鳩」の通年商品。麹米に八反錦、掛米に食米のこいもみじを使い、熊本酵母で丁寧に醸した。リンゴ系の甘くさわやかな香りが穏やかに上り、さっぱりとした酸が効いた優しい味わい。ワイングラスで香りを楽しみながら飲むのがおすすめ。アルコール度が14.5度とやや低めなので、気軽にスイスイと飲めるのもうれしい。

DATA

[使用米](麹)八反錦／(掛)こいもみじ
[精米歩合](麹)60%／(掛)60%
[アルコール度数]14.5%
[使用酵母]熊本酵母
[価格]1,190円(720mℓ)／2,381円(1.8ℓ)
[販売期間]通年
[販売方法]一般流通、蔵元直売あり

TYPE

[香り]　☑ リンゴ系　☐ バナナ系
　　　　☐ その他
[味]　　すっきり・◆・・・濃厚
[ガス感]☑ あり　☐ なし
[推奨温度]☑ 冷（ ❶-❺-❿-⓯ 度 ）
　　　　☑ 常温　☑ 燗

戦勝政宗

特別純米

せんしょうまさむね とくべつじゅんまい

[⌂] **仙台伊澤家 勝山酒造**
せんだいいさわけ かつやましゅぞう

創業　1688年

住所　宮城県仙台市泉区福岡字二又25-1

杜氏　後藤光昭　　問　☎022-348-2611

720mℓ

たくましさと品格を併せ持つ伊達政宗公のような1本

ラベルは伊達の軍旗である「紺地に黄金の日輪」に「戦勝政宗」の揮毫は、伊達家18代当主伊達泰宗。米は泉区根白石の仙台産ひとめぼれ、水田と同じ水源の水で醸す正に仙台づくしの酒。純米大吟醸と同様の製法で醸すことで、純米酒としての極みを目指したしっかりとした旨みと上品な酒質、料理を選ばない懐の深さを表現。文武両道で食にも造詣の深かった伊達政宗公のよう。

[DATA]

[使用米]ひとめぼれ
[精米歩合](麹)55%／(掛)55%
[アルコール度数]15度
[使用酵母]宮城酵母
[価格]1,650円(720mℓ)／3,000円(1.8ℓ)
[販売期間]通年
[販売方法]特約店

[TYPE]

[香り]	☐ リンゴ系　☑ バナナ系　☐ その他
[味]	すっきり・・◆・・濃厚
[ガス感]	☐ あり　☑ なし
[推奨温度]	☑ 冷（0 - 5 - **10** - 15 度）　☐ 常温　☐ 燗

宝剣

純米酒 八反錦

ほうけん じゅんまいしゅ はったんにしき

[⌂] **宝剣酒造** ほうけんしゅぞう

創業　1872年

住所　広島県呉市仁方本町1-11-2

杜氏　土井鉄也　　問　☎0823-79-5080

720mℓ

蔵に湧く銘水と地元の米で丁寧に醸す

広島県呉市に1872(明治5）年より蔵を構える宝剣酒造の蔵を代表する定番酒だ。広島県産の八反錦を、蔵内に湧き出る「宝剣銘水」で醸す。バナナ系の甘くほのかな香りに、米の豊かなコクがありながらキレのあるやや辛口な酒だ。キレイな酒質は特に白身魚との相性が良く、様々な調理法と合わせたい。5度前後にキリッと冷やして、食中酒として普段飲みにどうぞ。

[DATA]

[使用米]広島県産八反錦
[精米歩合](麹)60%／(掛)60%
[アルコール度数]16度
[使用酵母]701号
[価格]1,250円(720mℓ)／2,500円(1.8ℓ)
[販売期間]通年
[販売方法]特約店

[TYPE]

[香り]	☐ リンゴ系　☑ バナナ系　☐ その他
[味]	すっきり・・◆・・濃厚
[ガス感]	☐ あり　☑ なし
[推奨温度]	☑ 冷（0 - **5** - 10 - 15 度）　☐ 常温　☐ 燗

SAKE COMPETITION 2017 / 純米酒 部門 / ● SILVER 受賞

SAKE COMPETITION has the world most number of entry and the competition only for Japanese sake.

クラシック仙禽

無垢

クラシックせんきん むく

🏠 **せんきん** せんきん
創業　1806年
住所　栃木県さくら市馬場106
杜氏　薄井真人　問　☎028-681-0011

720mℓ

ドメーヌ化※1した酒米で醸す素朴な定番酒

　江戸時代後期より栃木県さくら市で酒造りを続けるせんきん。「仙禽」とは仙人に仕える鶴の意。定番商品の「無垢」は、仕込み水と同じ水脈で育てられた山田錦を100％使って醸す。低アルコール原酒で造られるのも特徴。穏やかな香りに、クリアで美しい酸と優しい甘みが広がり、ほんのりとした辛みが続く。少し冷やして15度前後で、燗なら45〜50度でふくよかな旨みが味わえる。

DATA

[使用米]山田錦
[精米歩合](麹)40％／(掛)50％
[アルコール度数]15度
[使用酵母]県産酵母
[価格]1,250円(720mℓ)／2,500円(1.8ℓ)
[販売期間]通年
[販売方法]特約店

TYPE

[香り]　☐ リンゴ系　☑ バナナ系
　　　　☐ その他
[味]　　すっきり・・◆・・濃厚
[ガス感]　☐ あり　☑ なし
[推奨温度]☑ 冷　（ 0 - 5 - 10 - **15** 度 ）
　　　　　☐ 常温　☑ 燗

山形正宗

辛口純米

やまがたまさむね からくちじゅんまい

🏠 **水戸部酒造** みとべしゅぞう
創業　1898年
住所　山形県天童市原町乙7
杜氏　水戸部朝信　問　☎023-653-2131

720mℓ

奥羽山系伏流水が生む鮮やかなキレ

　山形県天童市で明治より酒造を営む水戸部酒造。「山形正宗」は「酔芙蓉」と並び蔵を代表する人気の辛口純米酒。山形県産の酒米・出羽燦々を60％まで磨き、硬度120度の立谷川の伏流水で仕込む。"名刀の切れ味"とも呼ばれるシャープなキレが特徴だ。さらに辛さの中に米の旨みと甘みもしっかりと感じることができる。冷蔵から常温まで広い温度帯で楽しめる。

DATA

[使用米]出羽燦々
[精米歩合](麹)60％／(掛)60％
[アルコール度数]16度
[使用酵母]14号
[価格]1,250円(720mℓ)／2,500円(1.8ℓ)
[販売期間]通年
[販売方法]特約店

TYPE

[香り]　☐ リンゴ系　☑ バナナ系
　　　　☐ その他
[味]　　すっきり・◆・・・濃厚
[ガス感]　☐ あり　☑ なし
[推奨温度]☑ 冷　（ 0 - 5 - 10 - **15** 度 ）
　　　　　☑ 常温　☐ 燗

※ドメーヌ　ワイン用語、栽培から醸造まで一貫して行う醸造所のこと。

土佐しらぎく

斬辛 特別純米

とさしらぎく ざんから とくべつじゅんまい

🏠 **仙頭酒造場** せんとうしゅぞうじょう
創業　1903年
住所　高知県安芸郡芸西村和食甲1551
杜氏　仙頭竜太　　問　☎0887-33-2611

抜群の切れ味とほのかな苦みがアクセントに

720mℓ

仙頭酒造場の「土佐し
らぎく」から、「斬辛 特
別純米」も入賞。こちら
は八反錦を100％使い、
四国山系の伏流水と7号
酵母で醸した辛口の酒。
柑橘系のさわやかな香り
を放ち、すっきりとした
酸にほのかな苦みが続く。
その名の通りしっかりと
したキレがあり、食事に
合わせると料理を引き立
てながらより酒の味わい
が冴え渡る。冷酒から燗
まで、味わいの変化を楽
しんで。

DATA
[使用米]八反錦
[精米歩合](麹)60％／(掛)60％
[アルコール度数]15度
[使用酵母]7号
[価格]1,275円(720mℓ)／2,550円(1.8ℓ)
[販売期間]通年
[販売方法]特約店

TYPE
[香り]　☐ リンゴ系　☑ バナナ系
　　　　☐ その他
[味]　　すっきり・◆・・・濃厚
[ガス感]　☐ あり　☑ なし
[推奨温度]☑ 冷 (⓪ - ⑤ - ⑩ - ❺ 度)
　　　　　☑ 常温　☑ 燗

望bo:

特別純米酒 五百万石

ぼう とくべつじゅんまいしゅ ごひゃくまんごく

🏠 **外池酒造店** とのいけしゅぞうてん
創業　1937年
住所　栃木県芳賀郡益子町大字塙333-1
杜氏　小野誠　　問　☎0285-72-0001

若手蔵人たちが昔ながらの製法で醸す

720mℓ

焼物の里として知られ
る栃木県益子町で、平均
年齢34歳の若い蔵人た
ちが柔軟な感覚で造る夏
季限定の純米酒。大吟醸
と同様に全量箱麹法で麹
を造り、昔ながらの技法
で丁寧に醸した。さわや
かな果実の香りが上り、
ふくよかな米の旨みとし
っかりとした酸と少々の
苦みが続く。飲み方は5
度前後から常温までが◎。
飲み疲れしにくいのでカ
ジュアルに楽しめる夏ら
しい1本。

DATA
[使用米]五百万石
[精米歩合](麹)60％／(掛)60％
[アルコール度数]16.8度
[使用酵母]自社酵母
[価格]1,350円(720mℓ)／2,700円(1.8ℓ)
[販売期間]限定(年1回夏)
[販売方法]特約店

TYPE
[香り]　☑ リンゴ系　☐ バナナ系
　　　　☐ その他
[味]　　すっきり・◆・・・濃厚
[ガス感]　☐ あり　☑ なし
[推奨温度]☑ 冷 (⓪ - ❺ - ⑩ - ❺ 度)
　　　　　☑ 常温　☐ 燗

東洋美人

純米 60
とうようびじん じゅんまい 60

澄川酒造場 すみかわしゅぞうじょう
創業　1921年
住所　山口県萩市大字中小川611
杜氏　澄川宜史　　問　☎08387-4-0001

1.8ℓ

しなやかな香りと旨みに杜氏のセンスが光る

伝統製法を重んじ、奇をてらわない王道の酒造りにこだわる澄川酒造場。「東洋美人 純米 60」は60％に磨いた山田錦を使い、最新鋭の設備と杜氏の研ぎ澄まされた五感が融合して誕生した純米酒。グラスに注ぐと甘くほのかな吟醸香が立ち上り、米が本来持つ上品な旨みがいっぱいに広がる。5～10度前後によく冷やすのがおすすめだが、燗など、飲み手の好みに合わせて自由に楽しめる。

[DATA]
[使用米]山田錦
[精米歩合](麹)40%／(掛)60%
[アルコール度数]16度
[使用酵母]自社酵母
[価格]2,300円(1.8ℓ)
[販売期間]限定(年1回)
[販売方法]特約店

[TYPE]
[香り]　☐ リンゴ系　☑ バナナ系　☐ その他
[味]　すっきり・・◆・・濃厚
[ガス感]　☐ あり　☑ なし
[推奨温度]　☑ 冷　(0 - **5** - **10** - 15 度)　☐ 常温　☐ 燗

自然郷

BIO 特別純米
しぜんごう バイオ とくべつじゅんまい

大木代吉本店 おおきだいきちほんてん
創業　1865年
住所　福島県西白河郡矢吹町本町9
杜氏　大木雄太　　問　☎0248-42-2161

720mℓ

モダン生酛を表現する自然の味

人気ブランド「自然郷」を生み出し、米の栽培にもこだわる大木代吉本店。「自然郷 BIO 特別純米」は高グルコ菌やハイテク酵母を取り入れた生酛系純米酒。吟醸香はライチのようにフルーティーでやや控えめ。飲み口はジューシーで、クセがなく甘さと酸のバランスが抜群だ。

最初は冷たい状態から、室温で徐々に常温へ、温度による味わいの変化をゆっくりと味わって。

[DATA]
[使用米]五百万石
[精米歩合](麹)60%／(掛)60%
[アルコール度数]16度
[使用酵母]うつくしま夢酵母(F7-01)
[価格]1,333円(720mℓ)／2,667円(1.8ℓ)
[販売期間]通年
[販売方法]特約店

[TYPE]
[香り]　☐ リンゴ系　☑ バナナ系　☑ その他(ライチ系)
[味]　すっきり・・・◆・濃厚
[ガス感]　☑ あり　☐ なし
[推奨温度]　☑ 冷　(0 - **5** - **10** - **15** 度)　☑ 常温　☐ 燗

飛露喜

純米

ひろき じゅんまい

廣木酒造本店 ひろきしゅぞうほんてん

創業　江戸時代中期

住所　福島県河沼郡会津坂下町字市中二番甲3574　杜氏　廣木健司　問　☎0242-83-2104

1.8ℓ

地元でも入手困難な季節限定酒

少量出荷のため入手困難なことでも有名な廣木酒造本店の「飛露喜」。こちらは五百万石を100%使い、55%まで精米、低温長期発酵させた季節限定酒。メロンのようなリッチな香りを持ち、飲み口はすっきりとスムース。丸みのある米の甘みと濃密な旨みがありながら、さらりとした透明感も併せ持つ。飲み方は10～15度前後に少し冷やして、さっぱりといただくのがベストだ。

DATA

[使用米]五百万石

[精米歩合](麹)55%／(掛)55%

[アルコール度数]15.9度

[使用酵母]10号

[価格]2,500円(1.8ℓ)

[販売期間]限定(年1回)

[販売方法]特約店

TYPE

[香り]　☐ リンゴ系　☐ バナナ系　☑ その他(メロン系)

[味]　すっきり・・◆・・濃厚

[ガス感]　☐ あり　☑ なし

[推奨温度]　☑ 冷　(0 - 5 - **10** - **15** 度)　☐ 常温　☐ 燗

宝剣

純米酒 白ラベル

ほうけん じゅんまいしゅ しろラベル

宝剣酒造 ほうけんしゅぞう

創業　1872年

住所　広島県呉市仁方本町1-11-2

杜氏　土井鉄也　問　☎0823-79-5080

720mℓ

奥深さとコクが奏でる美しい余韻

コンペティション常連蔵の宝剣酒造から、年に1度だけ出荷される即日完売必至の限定酒がシルバーを受賞。蔵に湧き出る銘水を使用し、地元広島県産の八反錦をじっくりと醸した。美しい酒質の中に、エレガントな香りと厚みのあるまったりとしたコクが広がる。和洋問わず様々な料理とのマリアージュも抜群で、食中酒として日々の晩酌に活躍。飲み方はキリッとよく冷やして。

DATA

[使用米]広島県産八反錦

[精米歩合](麹)60%／(掛)60%

[アルコール度数]16度

[使用酵母]KA-1-25

[価格]1,250円(720mℓ)／2,500円(1.8ℓ)

[販売期間]限定(年1回)

[販売方法]特約店

TYPE

[香り]　☐ リンゴ系　☑ バナナ系　☐ その他

[味]　すっきり・・◆・・濃厚

[ガス感]　☐ あり　☑ なし

[推奨温度]　☑ 冷　(0 - **5** - 10 - 15 度)　☐ 常温　☐ 燗

蔵王
純米酒 K
ざおう じゅんまいしゅ ココロ

🏠 **蔵王酒造** ざおうしゅぞう
創業 1873年
住所 宮城県白石市東小路120-1
杜氏 大滝真也 問 ☎0224-25-3355

720mℓ

澄んだ水が生んだやわらかな旨み

蔵王山系の伏流水で酒を造り続ける蔵王酒造が、特約店のみに卸す「K（ココロ）」シリーズ。若き蔵人の手によって、四段仕込み※1で仕上げた純米酒。酒のコンディションに合わせ設定した温度管理で貯蔵、出荷する。すっきりとした酸の中に、米のほのかな旨みが優しい余韻を残す。冷から燗まで幅広く適しているので、温度によって変化する味わいの違いを楽しんでほしい。

[DATA]
[使用米]トヨニシキ
[精米歩合]（麹）65%／（掛）65%
[アルコール度数]15度
[使用酵母]宮城酵母（マイ酵母）
[価格]1,065円（720mℓ）／2,130円（1.8ℓ）
[販売期間]通年
[販売方法]特約店

[TYPE]
[香り] ☐ リンゴ系 ☑ バナナ系 ☐ その他
[味] すっきり・・◆・・濃厚
[ガス感] ☐ あり ☑ なし
[推奨温度] ☑ 冷 （0 - 5 - **10** - **15** 度） ☑ 常温 ☑ 燗

町田酒造55
特別純米 五百万石 火入れ
まちだしゅぞう55 とくべつじゅんまい ごひゃくまんごく ひいれ

🏠 **町田酒造店** まちだしゅぞうてん
創業 1883年
住所 群馬県前橋市駒形町65
杜氏 町田恵美 問 ☎027-266-0052

720mℓ

全量蓋麹の吟醸造りで醸すモダンな味わい

全国新酒鑑評会にて4年連続で金賞を受賞するなど、地酒ファンから注目を集めている町田酒造店。蔵元の名をそのまま冠したこの日本酒は、新潟県産の五百万石を55%精米し、吟醸造りで丁寧に醸した特別純米酒。ブドウ系のフルーティーな香りを漂わせ、酸と甘みのバランスが取れたジューシーな味わいが広がる。飲み方はしっかりと冷やして、美しい余韻とキレのよさを堪能。

[DATA]
[使用米]五百万石
[精米歩合]（麹）55%／（掛）55%
[アルコール度数]16〜17度
[使用酵母]1801号+県産酵母
[価格]1,300円（720mℓ）／2,600円（1.8ℓ）
[販売期間]通年
[販売方法]特約店

[TYPE]
[香り] ☐ リンゴ系 ☐ バナナ系 ☑ その他（ブドウ系）
[味] すっきり・・・◆・濃厚
[ガス感] ☑ あり ☐ なし
[推奨温度] ☑ 冷 （**0** - **5** - 10 - 15 度） ☐ 常温 ☐ 燗

萬歳

純米六割磨き

ばんざい じゅんまいろくわりみがき

🏠 **丸石醸造** まるいしじょうぞう

創業　1690年

住所　愛知県岡崎市中町6-2-5

杜氏　片部州光　　問　☎0564-23-3333

720mℓ

八丁味噌に合う酒No.1　理想の食中酒を目指して

1690（元禄3）年、東海道の宿場町に創業した丸石醸造。古くより稲作が盛んで、温暖な気候と豊かな水が良質な酒を生み出す。本酒は100年前に献上米だった「萬歳」を復刻させ醸した純米酒。一人の杜氏が全工程を行う「タンク責任仕込み」で造り、米の旨みが生きる6分磨きで仕上げている。甘く優しい香りに丸みのある米の風味と穏やかな酸が調和し、特に八丁味噌料理と相性は抜群。

[DATA]

[使用米]萬歳

[精米歩合]（麹）60%／（掛）60%

[アルコール度数]16度

[使用酵母]701号

[価格]1,250円（720mℓ）／2,500円（1.8ℓ）

[販売期間]限定（年3回）

[販売方法]特約店

[TYPE]

[香り]	☐ リンゴ系　☑ バナナ系　☐ その他
[味]	すっきり・・・◆・濃厚
[ガス感]	☐ あり　☑ なし
[推奨温度]	☐ 冷　（0 - 5 - 10 - 15 度）　☑ 常温　☐ 燗

奥羽自慢

特別純米 9号系酵母

おううじまん とくべつじゅんまい 9ごうけいこうぼ

🏠 **奥羽自慢** おううじまん

創業　1724年

住所　山形県鶴岡市上山添神明前123

杜氏　高橋哲　　問　☎050-3385-0347

720mℓ

地元山形の出羽燦々を手造り麹で少量仕込む

約300年前より山形県鶴岡市で酒造りを行う蔵元・奥羽自慢。定番の「奥羽自慢」から、バランスのいい香りを生む山形県の9号系酵母で醸した特別純米。700kgの小仕込みで、山形県産出羽燦々を100%使用。控えめで上品な香りとやわらかな酸が特徴で、さっぱりとキレのよい後味を残す。冷から燗まで幅広く適しているので、料理に合わせて様々な飲み方を試してほしい。

[DATA]

[使用米]出羽燦々

[精米歩合]（麹）60%／（掛）60%

[アルコール度数]15度

[使用酵母]9号系

[価格]1,300円（720mℓ）／2,500円（1.8ℓ）

[販売期間]通年

[販売方法]特約店

[TYPE]

[香り]	☐ リンゴ系　☑ バナナ系　☐ その他
[味]	すっきり◆・・・・濃厚
[ガス感]	☐ あり　☑ なし
[推奨温度]	☑ 冷　（0 - 5 - 10 - 15 度）　☑ 常温　☑ 燗

※1 四段仕込み　醪を仕込む工程で、4回に分けて蒸米や水を足していく方法。日本酒では三段仕込みが主流。甘口の酒を造るために発達してきた手法であり、日本酒度を調整する方法に採用されている。

SAKE COMPETITION 2017
SAKE COMPETITION has the world most number of entry and the competition only for Japanese sake.

純米酒 部門　　　●SILVER 受賞

富久福

特別純米酒 五百万石
ふくふく とくべつじゅんまいしゅ ごひゃくまんごく

🏠 **結城酒造** ゆうきしゅぞう
創業　1727年
住所　茨城県結城市大字結城1589
杜氏　浦里美智子　　問 ☎0296-33-3344

720mℓ

基本に忠実にじっくりと酒造りに向き合う

城下町結城に江戸時代に創業した結城酒造。明治期に増設された酒蔵は、国の有形文化財にも登録されている。「富久福」は創業以来の伝統銘柄。新潟産五百万石にこだわり、すべての蒸米を自然の寒さでゆっくりと冷まし、全量箱麹※1で丁寧に醸す。搾りたてをすぐに瓶詰めしており、ほんのりとガス感があるのが特徴。ふくよかな味の中に、しっかりとしたキレのあるバランス型だ。

DATA
[使用米]五百万石
[精米歩合](麹)60%／(掛)60%
[アルコール度数]16度
[使用酵母]県産酵母
[価格]1,300円(720mℓ)／2,600円(1.8ℓ)
[販売期間]通年
[販売方法]一般流通、蔵元直売あり

TYPE
[香り]　□ リンゴ系　☑ バナナ系
　　　　□ その他
[味]　　すっきり・・◆・・濃厚
[ガス感]☑ あり　□ なし
[推奨温度]☑ 冷　（❶-❺-❿-⓯ 度 ）
　　　　☑ 常温　□ 燗

磯自慢

雄町 特別純米
いそじまん おまち とくべつじゅんまい

🏠 **磯自慢酒造** いそじまんしゅぞう
創業　1830年
住所　静岡県焼津市鰯ヶ島307
杜氏　多田信男　　問 ☎054-628-2204

720mℓ

雄町を駆使した伝統と革新の技

南鮪の水揚げで知られる焼津で、江戸時代より酒造りを営む磯自慢酒造。注目を集めている酒米雄町を使った「磯自慢」は稀少な1本だ。赤磐産雄町特等米を55％まで磨き、南アルプス源泉の軟水を用いて低温で丁寧に発酵。自然な優しい果実香で、飲みくちはクリアでさわやか。華やかな旨みの後に、少しの苦味を残していく。9〜13度でいただくと酒の個性が最も引き立つ。

DATA
[使用米]赤磐 雄町特等米
[精米歩合](麹)55%／(掛)55%
[アルコール度数]16〜17度
[使用酵母]静岡酵母
[価格]3,110円(720mℓ)
[販売期間]通年
[販売方法]特約店

TYPE
[香り]　□ リンゴ系　□ バナナ系
　　　　☑ その他(酢酸イソアミル系)
[味]　　すっきり・・・◆・・濃厚
[ガス感]□ あり　☑ なし
[推奨温度]☑ 冷　（❶-❺-❿-⓯ 度 ）
　　　　□ 常温　□ 燗

※１箱麹　麹造りの工程で、麹箱という木製の箱を用いる方法。従来の麹蓋より箱の数が少なくて済むため、蓋麹法より労力が省ける。

萩の鶴

極上 純米酒

はぎのつる ごくじょう じゅんまいしゅ

🏠 萩野酒造 はぎのしゅぞう
創業　1840年
住所　宮城県栗原市金成有壁新町52
杜氏　佐藤善之　問　☎0228-44-2214

720mℓ

米、酵母、人、水のすべてを宮城産で醸す地酒

　旧奥州街道の宿場町で、地元に寄り添った酒造りにこだわる萩野酒造。本酒は宮城県の酒米 "蔵の華" を50％精米し、酵母や水などオール宮城産にこだわり造り上げた贅沢な純米酒。穏やかな甘い香りに、濃厚な旨味とコクを持ち、後切れのよい酒質。冷もよいが、少し熱めの燗にするとより一層旨みが増し、酒の持つ独特の味わいが花開く。濃いめの味付けの料理と合わせたい。

DATA

[使用米]蔵の華
[精米歩合](麹)50%／(掛)50%
[アルコール度数]15度
[使用酵母]宮城A酵母
[価格]1,400円(720mℓ)／2,800円(1.8ℓ)
[販売期間]通年
[販売方法]一般流通

TYPE

[香り]　☐ リンゴ系　☑ バナナ系
　　　　☐ その他
[味]　　すっきり・・・◆・・濃厚
[ガス感]　☐ あり　☑ なし
[推奨温度]☑ 冷　(⓪ - ❺ - ❿ - ⓯ 度)
　　　　　☑ 常温　☑ 燗

義侠

純米原酒60% 特別栽培米 山田錦共生会

ぎきょう じゅんまいげんしゅ60% とくべつさいばいまい やまだにしききょうせいかい

🏠 山忠本家酒造 やまちゅうほんけしゅぞう
創業　江戸時代中期
住所　愛知県愛西市日置町1813
杜氏　――　問　☎0567-28-2247

720mℓ

減農薬・低除草剤栽培による米本来の力強い味

　江戸時代創業、10代に渡って酒造りを営む山忠本家酒造。濃厚で個性的な看板銘柄の「義侠」は熱狂的なファンも多い。本酒の原料の山田錦は、限りなく有機栽培に近い状態で育てられた特別栽培米。割れやすく溶けやすいため丁寧に醸すよう心がけているという。米本来が持つ力強さや旨みがしっかり出ており、飲み疲れしない酒質。食事とともに、長い余韻にしっとりと浸りたい。

DATA

[使用米]兵庫県東条特A地区産山田錦
[精米歩合](麹)60%／(掛)60%
[アルコール度数]16.8度
[使用酵母]9号
[価格]1,675円(720mℓ)／3,350円(1.8ℓ)
[販売期間]通年
[販売方法]特約店、蔵元直売あり

TYPE

[香り]　☐ リンゴ系　☐ バナナ系
　　　　☑ その他(穀物系)
[味]　　すっきり・・・◆・・濃厚
[ガス感]　☐ あり　☑ なし
[推奨温度]☑ 冷　(⓪ - ❺ - ❿ - ⓯ 度)
　　　　　☑ 常温　☑ 燗

蔵王

特別純米酒 K 吟風

ざおう とくべつじゅんまいしゅ ココロ ぎんぷう

蔵王酒造 ざおうしゅぞう
創業　1873年
住所　宮城県白石市東小路120-1
杜氏　大滝真也　問 ☎0224-25-3355

涼やかに吟風薫る甘く優しい旨みに

720mℓ

宮城県の蔵王酒造から2つ目のシルバー選出。スペックは純米酒ながら、北海道で生まれた好適米「吟風」を使い、掛、麹ともに55％まで磨いた貴重で贅沢な酒。低温熟成で発酵を促し、搾り後の迅速な火入れと冷蔵庫で徹底した温度管理を行う。甘くフルーティーな香りが立ち、吟風らしいすっきりとした飲み口に、優しい米の旨みが広がる。飲み方は軽めに冷やした15度〜常温で。

DATA

[使用米]吟風
[精米歩合](麹)55%／(掛)55%
[アルコール度数]15度
[使用酵母]うつくしま夢酵母(F7-01)
[価格]1,275円(720mℓ)／2,500円(1.8ℓ)
[販売期間]限定(年1回)
[販売方法]特約店

TYPE

[香り]　☐ リンゴ系　☑ バナナ系　☐ その他
[味]　すっきり・◆・・・濃厚
[ガス感]　☐ あり　☑ なし
[推奨温度]　☑ 冷 (0 - 5 - 10 - **15** 度)　☑ 常温　☐ 燗

ゆきの美人

純米酒

ゆきのびじん じゅんまいしゅ

秋田醸造 あきたじょうぞう
創業　1919年
住所　秋田県秋田市楢山登町5-2
杜氏　小林忠彦　問 ☎018-832-2818

湧き水にこだわる手仕事の辛口純米

720mℓ

「竿灯」を代表銘柄に持つ、秋田の小さな酒蔵・秋田醸造。「ゆきの美人」は、往復2時間かけて汲みにいくという太平山麓の湧き水を仕込み水にこだわり、秋田流の長期低温発酵でじっくりと醸した辛口純米だ。製法は10kgずつの全量手洗いで洗米し、麹は全て2kgの蓋麹で造るという、丁寧な仕事が光る。ほのかな米の甘みにさっぱりとした酸が軽快に絡み、舌の上に鮮やかなキレを生み出す。

DATA

[使用米](麹)山田錦／(掛)秋田酒こまち
[精米歩合](麹)60%／(掛)60%
[アルコール度数]16度
[使用酵母]自社酵母
[価格]2,400円(1.8ℓ)
※720mℓの販売はなし
[販売期間]通年
[販売方法]特約店

TYPE

[香り]　☐ リンゴ系　☑ バナナ系　☐ その他
[味]　すっきり・・◆・・濃厚
[ガス感]　☑ あり　☐ なし
[推奨温度]　☑ 冷 (0 - **5** - **10** - 15 度)　☐ 常温　☐ 燗

雁木

純米 ひとつび

がんぎ じゅんまい ひとつび

🏠 **八百新酒造** やおしんしゅぞう
創業　1877年
住所　山口県岩国市今津町3-18-9
杜氏　小林久茂　問　☎0827-21-3185

※1 枝桶 醪の発酵酵を順調に管理するために、最初から直接親桶に仕込まず、小さい容器に分割する桶を指す。

720mℓ

初添えのひと手間が生み出す麹と酵母のハーモニー

　山口県今津川のほとりに蔵を構える八百新酒造。「ひとつび」は純米酒のみをラインナップする「雁木」ブランドにおける火入れバージョンとして親しまれている。特徴は三段仕込の初添えをあえてジャストサイズの枝桶※1で行い、バランスの取れた発酵を促すこと。コクがありながら口当たりは優しく、身体に沁み込むような感覚が新鮮。飲み方は特に選ばず、温度による表情の違いを感じて。

DATA

[使用米]山田錦
[精米歩合](麹)60%／(掛)50%
[アルコール度数]15度
[使用酵母]1501号
[価格]1,200円(720mℓ)／2,400円(1.8ℓ)
[販売期間]通年
[販売方法]特約店

TYPE

[香り]　　☐ リンゴ系　☑ バナナ系
　　　　　☐ その他
[味]　　　すっきり‥◆‥濃厚
[ガス感]　☐ あり　☑ なし
[推奨温度]☑ 冷　（ ❶ - ❺ - ❿ - ⓯ 度 ）
　　　　　☑ 常温　☑ 燗

SAKE COMPETITION 2017 / 純米酒 部門

SAKE COMPETITION has the world
most number of entry and the competition
only for Japanese sake.

［審査員座談会①］ 純米酒部門

——SAKE COMPETITION2017お疲れさまでした。この座談会では、出品者であると同時に審査員としても参加された皆さまに各部門を振り返っていただきます。まずは多くの蔵元が「最も取りたい」という「純米酒部門」。清水清三郎商店の「作」が1位、2位をW受賞するサプライズがありましたね。

**「作」が1位2位独占！
安価でも手を抜かない
蔵が評価された**

新澤：SAKE COMPETITIONには毎年ヒーローが登場しますよね。だけど「作」は毎年上位に入っている実力蔵ですよ。「純米酒部門」は一番お手軽な部門。高い酒だけ力を入れて安いお酒は手を抜いていると、受賞歴があっても市場では全然ダメということがある。蔵の姿勢はお客さんにはすぐにバレるものです。今回の「作」のように、純米でも手を抜かずにおいしい酒を造る蔵が上位に並んでいるのは、いい審査ができていたのではないかと思います。

——「いい審査」ができると、「純米酒部門」ではどのようなお酒が評価されるのでしょう？

井上：SAKE COMPETITIONの審査は東西南北全国の審査員で行うのですが、地域によってお酒の評価傾向は異なることがあります。だから

廣木健司
（廣木酒造本店）
ブランド「飛露喜」で知られる福島県の人気蔵元。様々な日本酒コンテストの常連であり、近年の福島酒の人気を支える代表格といえる。

新澤巖夫
（新澤醸造店）
宮城県の人気蔵元。究極の食中酒を目指した「伯楽星」でブレイク。徹底した品質管理に定評がある。他の銘柄に「あたごのまつ」がある。

井上宰継
（みいの寿）
「三井の寿」で知られる福岡県の蔵元。伝統技術を受け継ぎながらも毎年個性的な酒造りに挑戦している。酒造業界屈指の研究家でもある。

浅野徹
（司牡丹酒造）
「土佐らしい淡麗さ」の酒が人気の高知県「司牡丹酒造」で醸造部長と杜氏を務める。30年以上の経験で培った高いきき酒力が信頼を集める。

東日本の審査員に受けても、西日本の審査員に嫌われると上位にはいけない。つまり全国の審査員みんなが旨いと思えるお酒がこの部門の上位酒ということになります。

廣木：「純米酒部門」を見れば日本酒の大体の傾向が見えてきます。逆にここで見えなければ我々審査員は何をやってるんだって話ですよ。

新澤：また、「純米大吟醸部門」や「吟醸部門」に比べて、原料よりも蔵のテクニカルな部分が出た印象もありますね。

——審査の上で、「純米酒部門」ならではの難しさはあるのでしょうか？

評価できない美酒がある。純米酒審査の葛藤

浅野：個人的な意見ですが、私は「純米酒部門」の審査が一番難しいと思いました。日本酒の審査は点数の基準をどこに置くかが重要です。しかし純米酒の場合、減点となるオフフレーバー[※1]がある一方で、「料理に合いそうだな」と魅力を発見することもある。審査の途中で軸をブラさないようにすることが大変でした。

廣木：純米酒は味の幅が広いので難しいんですよ。今回感じたのですが、熟成したタイプでいい味のお酒がいくつかあったこと。そういったお酒は今の審査軸では拾ってあげることができ

※1オフフレーバー　日本酒に付く異臭。酸化など、様々な原因により発生する。

SAKE COMPETITION 2017 ／ 純米酒 部門

*SAKE COMPETITION has the world
most number of entry and the competition
only for Japanese sake.*

ないけど、自分のお金で買って楽しみたいと思えることも。審査基準の枠に入らないものを評価できないのはどのコンペティションでも同じですが、厳しさや不条理さは感じます。それでも、ブレイクを目指す若手が、貧乏でも無名でもたった1年でシンデレラになれるSAKE COMPETITIONは挑戦する価値があると思います。

——廣木さんと新澤さんはともにゴールドを受賞されていますね。

実力蔵でも予審落ち？
得意技で勝負する
必要がある
—

新澤：ここが得意なジャンルだというのはあります。うちは香りを出さない食中酒なので「純米酒部門」か、かろうじて「純米吟醸部門」までがコンペで勝負できると考えています。その代わり、大吟醸は出品すらしていないんですよ。僕が審査員のときは「大吟醸部門」で香りのないものは落としますから。出しても自分で落とすので絶対に上位にいけない。

廣木：僕は「純米大吟醸部門」と「吟醸部門」は2つとも予審落ちでした。今までも上のクラスではいい成績を取ったことがない。

新澤：市販酒が得意な蔵、従来の鑑評会※2が得意な蔵、それぞれ得意技がありますね。

井上：僕も出したかったけど……今年は仕込み時期を間違って間に合いませんでした（笑）。来年こそは勝負したい。「純米酒部門」は狙い目なんですよ。純米酒の上位酒は飲んでみて「やっぱりな」と感じる傾向があるし、明後日早速「作」の清水清三郎商店さんを見学してきます。

新澤：もう来年の構想ができてますね（笑）。

※2鑑評会　「全国新酒鑑評会」。1911（明治44）年の第1回から続く歴史ある会。

純米吟醸
部門

Junmai Ginjo

精米歩合60%以下、米と水のみで醸す純米吟醸。
各蔵の主力商品が揃うこの部門は出品総数518と最大規模に。
市場で多くの支持を集める人気銘柄が揃った。

GOLD 10点
SILVER 42点
予選通過 173点

エントリー総数 | 518点

出品酒について
・特定名称酒「純米吟醸」表示がされている清酒
・「山廃純米吟醸」「生酛純米吟醸」表示がされている清酒
・「吟醸純米」など「純米吟醸」と判断できる表示の清酒

RANK

1位

高知の小さな村に息づく
手造りの酒造りで醸す
特別な純米吟醸

720mℓ

TYPE

[香り]
☑ リンゴ系　☑ バナナ系
☐ その他
[味]
すっきり・・・◆・濃厚
[ガス感]
☐ あり　☑ なし
[推奨温度]
☑ 冷
([0] - [5] - [10] - [15] 度)
☐ 常温　☐ 燗

DATA

[使用米]
山田錦
[精米歩合]
(麹)50%
(掛)50%
[アルコール度数]
15度
[使用酵母]
高知酵母
[価格]
1,700円(720mℓ)
3,400円(1.8ℓ)
[販売期間]
通年
[販売方法]
特約店

土佐しらぎく

純米吟醸 山田錦

とさしらぎく
じゅんまいぎんじょう やまだにしき

北は四国山地、南は太平洋に囲まれた自然豊かな田園地帯にある仙頭酒造場。1903（明治36）年の創業以来、手間隙を惜しまない酒造りを信条に、酒米は全量手洗い、機械を使わない麹など、造りのほとんどを手作業で行っている。創業時から続く看板銘柄「土佐しらぎく」は初代仙頭菊太郎の「菊」と、白菊のように清らかで綺麗なお酒を醸したいとの願いを込めて命名された。「純米吟醸 山田錦」は、酒造りに適していることで知られる米の代表格「山田錦」、中でも価値が高い兵庫県産を50％まで精米。仕込み水には、良質な四国山脈の伏流水を使う。食中酒として飲むことを念頭に爽快な飲み口とふくらみのある味に仕上げている。華やぐ上品な香りで、果実のようなフレッシュさを堪能できる。

仙頭酒造場

せんとうしゅぞうじょう

創業	1903年
住所	高知県安芸郡芸西村和食甲1551
杜氏	仙頭竜太
問	☎0887-33-2611

—— JUDGE'S COMMENTS ——

フルーティーで華やかな香り。ふくよかで丸みを帯びている。

決して派手ではない、華やかさを感じさせる香りがある。なめらかかつ、一本筋の通ったキレ味抜群の味わい。

酢酸イソアミル主体の吟醸香がある。キレイでキレよく、すっきりした印象。

SAKE COMPETITION 2017 　／　純米吟醸 部門 　／　● GOLD 受賞

SAKE COMPETITION has the world
most number of entry and the competition
only for Japanese sake.

RANK

2 位

オードリー・ヘップバーンの

ような清楚ながらも

芯の強い酒

720mℓ

DATA

[使用米]
山田錦
[精米歩合]
（麹）50%
（掛）50%
[アルコール度数]
16度
[使用酵母]
宮城酵母
[価格]
2,500円（720mℓ）
5,000円（1.8ℓ）
[販売期間]
通年
[販売方法]
特約店、蔵元直売あり

TYPE

[香り]
☑ リンゴ系　□ バナナ系
□ その他
[味]
すっきり・◆・・・濃厚
[ガス感]
□ あり　☑ なし
[推奨温度]
☑ 冷
（ ❶ - ❺ - ❿ - ⓯ 度 ）
□ 常温　□ 燗

勝山

「献」純米吟醸

かつやま けん じゅんまいぎんじょう

3 20余年に渡り格式ある酒を醸し続ける名蔵。宮城県で最初の特定名称蔵や純米蔵になるなど品質志向を鮮明にし、すべての市販酒を限定吸水法で洗米、開放タンクでの長期低温発酵、酒袋にて上槽、さらに活性炭は使わず、早瓶火入れ後は-5度の氷温庫に貯蔵するなど、丁寧で真摯な酒造りに徹している。「SAKE COMPETITION」の純米吟醸部門においては2015年と2016年に大会初の2年連続第1位を獲得、2017年は僅差で3年連続を逃したが2位にランクインし安定したレベルの高さを示した。

　兵庫みらい農協特A地区の山田錦に宮城吟醸酵母によるキレイな香りと、スッと入っていくなめらかな飲み心地、後半からふくらんでくる米の旨みが特徴的な上品な酒質だ。

仙台伊澤家 勝山酒造

せんだいいさわけ かつやましゅぞう

創業	1688年
住所	宮城県仙台市泉区福岡字二又25-1
杜氏	後藤光昭
問	☎022-348-2611

RANK

3位

幕末屈指の経済人に

ちなんだ地元高知の

限定酒

TYPE

[香り]
☑ リンゴ系　□ バナナ系
□ その他
[味]
すっきり ◆ ・・・・ 濃厚
[ガス感]
□ あり　☑ なし
[推奨温度]
☑ 冷
（ ❶ - ❺ - ❿ - ⓯ 度 ）
☑ 常温　□ 燗

DATA

[使用米]
吟の夢
[精米歩合]
（麹）50%
（掛）50%
[アルコール度数]
15度
[使用酵母]
高知酵母（CEL-66）
[価格]
1,700円（720mℓ）
[販売期間]
限定（年1回）
[販売方法]
特約店

720mℓ

美丈夫

純米吟醸 弥太郎

びじょうふ
じゅんまいぎんじょう やたろう

1 904（明治37）年から高知でいち早く良質な酒を追い求めてきた濵川商店。金賞を受賞したのは代表ブランド「美丈夫」の限定商品で、幕末維新150周年記念酒に醸された「弥太郎」。名前は三菱財閥の創業者「岩崎弥太郎」に由来している。使用している米は岩崎弥太郎の故郷である高知県安芸市の山間部で栽培された酒造好適米「吟の夢」。母である山田錦の優しい口当たりと、父であるヒノヒカリのキレのよさを受け継いでいる。酵母は高知県工業技術センターで開発された「CEL-66」を使っており、リンゴのような甘酸っぱさとフルーティーな含み香が広がる。

受賞について蔵元は「今後もたゆまずおごらず、蔵人一丸となって研鑽を重ねます」とコメントを寄せている。

⌂ 濵川商店

はまかわしょうてん

創業　1904年
住所　高知県安芸郡
　　　田野町2150
杜氏　小原昭
問　　☎0887-38-2004

JUDGE'S COMMENTS

シリーズの中では香り高く、酸もシャープで主張するタイプ。個人的評価トップクラス。

やわらかくスムーズな甘み、軽快ながらも芯のしっかりとしたボディが感じられる。

吟醸香があり、キレよくすっきりした味わい。適度に甘さがあってソフトな印象。

RANK

4位

鈴鹿の大地と人が奏でる 繊細な香味が 地酒ファンの心を捉える

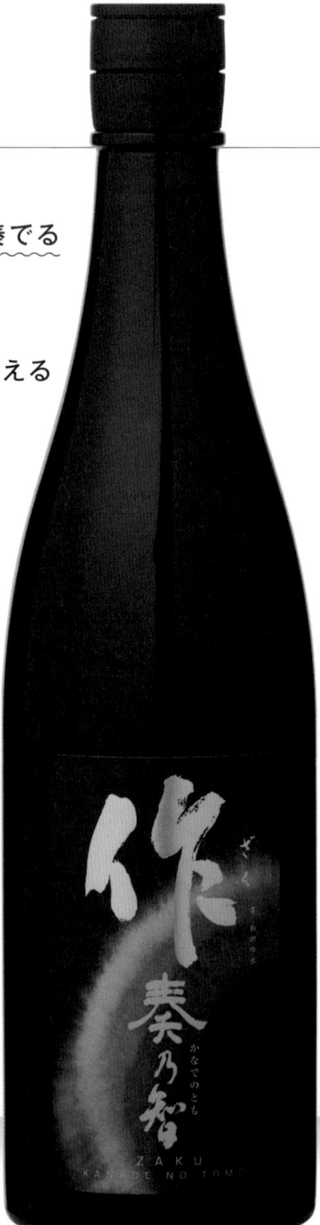

720mℓ

DATA

[使用米]
国産米
[精米歩合]
(麹)50%
(掛)50%
[アルコール度数]
15度
[使用酵母]
1401号
[価格]
1,750円(720mℓ)
3,500円(1.8ℓ)
[販売期間]
通年
[販売方法]
特約店

TYPE

[香り]
☐ リンゴ系 ☑ バナナ系
☐ その他
[味]
すっきり・◆・・・濃厚
[ガス感]
☐ あり ☑ なし
[推奨温度]
☑ 冷
(0 - 5 - 10 - 15 度)
☐ 常温 ☐ 燗

作

奏乃智

ざく かなてのとも

1 869年に三重県で創業した清水清三郎商店が手掛けるロングセラー「作」。伊勢志摩サミットの乾杯酒として注目されたことでも記憶に新しい。今回、純米吟醸部門で「作」シリーズがゴールド2商品、シルバー1商品が入賞するほどの実力派。国内外に多くのファンを持つことでも知られている。鈴鹿の酒造りの歴史は古く、伊勢神宮や神話世界を描いた書「倭姫命世記」にも酒の美味しさを評し「味酒鈴鹿国」と記述が残る。そんな鈴鹿に残る唯一の酒蔵で誕生した「作 奏乃智」は、吟醸酒本来の香りを生む14号系酵母を用いており、硝子細工のような透明感ある後味が残る。繊細なフルーツ香を楽しむために、少し冷やしてからワイングラスで飲むのがおすすめだ。

⌂ 清水清三郎商店

しみずせいさぶろうしょうてん

創業　1869年
住所　三重県鈴鹿市
　　　若松東3-9-33
杜氏　内山智広
問　　☎059-385-0011

JUDGE'S C●MMENTS

香りはさわやか。味・香のバランスが特に優れている。

メロン様の穏やかながら複雑な香り、渾然一体となった酸、甘み、苦み、心地よい余韻が特徴。

酢酸イソアミル主体の吟醸香が華やか。味はキレイで軽快、適度な甘さがある。

RANK

5位

変革を続ける蔵で醸す、少数少量の研ぎ澄まされた銘酒

1.8ℓ

DATA

[使用米]
山田錦
[精米歩合]
(麹)50%
(掛)55%
[アルコール度数]
16.3度
[使用酵母]
9号+10号ブレンド
[価格]
3,300円(1.8ℓ)
[販売期間]
限定(8月)
[販売方法]
特約店

TYPE

[香り]
☐ リンゴ系　☐ バナナ系
☑ その他(メロン系)
[味]
すっきり・・◆・・濃厚
[ガス感]
☐ あり　☑ なし
[推奨温度]
☑ 冷
(0 - 5 - 10 - 15 度)
☐ 常温　☐ 燗

飛露喜

純米吟醸

ひろき じゅんまいぎんじょう

※1 きょうかい9号　日本醸造協会が配布している酵母を「きょうかい酵母」という。

福島県会津坂下町にある蔵元・廣木酒造本店の創業は、江戸時代中期の文化文政年間まで遡る。現在も会津若松と新潟を結ぶ越後街道沿いの宿場町として賑わった地で酒造りを続けている。

先代の急逝により34歳で蔵を継いだ9代目の廣木健司氏が、1999年から特約店向けに「飛露喜」をリリース。酒名は、名字の「廣木」と「喜びの露が飛ぶ」という思いから付けられた。「飛露喜」は販売直後から地酒ファンの間で爆発的な評判になり、現在も品薄状態が続くほどの人気ぶりだ。

契約栽培した酒米を使用。8月の季節商品「純米吟醸」の酵母はきょうかい9号※1と10号をブレンドしている。手間暇かけた低温発酵と低温熟成が特徴。クリアで深みのある味わいだ。

廣木酒造本店

ひろきしゅぞうほんてん

創業　江戸時代中期
住所　福島県河沼郡会津坂下町
　　　字市中二番甲3574
杜氏　廣木健司
問　　☎0242-83-2104

JUDGE'S COMMENTS

五味のバランスがとてもいい。押し味もしっかりとしている。

ほのかでやわらかい香り。ふくらみがあり、キレ味もある旨みのバランス感が絶妙の逸品。

クラシックな酵母ブレンドで織りなす洗練された香りがよい純米吟醸酒。

RANK

6位

「若き鬼才」の
宮城の新星蔵による
究極の食中酒

720mℓ

DATA

[使用米]
蔵の華
[精米歩合]
(麹)55%
(掛)55%
[アルコール度数]
16度
[使用酵母]
自社酵母
[価格]
1,500円(720mℓ)
2,770円(1.8ℓ)
[販売期間]
通年
[販売方法]
特約店

TYPE

[香り]
☐ リンゴ系　☑ バナナ系
☐ その他
[味]
すっきり ◆・・・・ 濃厚
[ガス感]
☐ あり　☑ なし
[推奨温度]
☑ 冷
([0] - [5] - [10] - [15] 度)
☐ 常温　☐ 燗

伯楽星

純米吟醸

はくらくせい じゅんまいぎんじょう

東 京農業大学醸造学科を卒業した新澤巖夫氏が若い蔵人を率いる新澤醸造店。国内のみならず海外からも高い評価を得ており、中でも看板を背負う「伯楽星」シリーズは「究極の3杯目／究極の食中酒」というコンセプトを打ち出し、首都圏を中心に人気上昇中だ。受賞酒「純米吟醸」は宮城県古川農業試験場が10年がかりで開発した米「蔵の華」を使用。山田錦を母、試験場が開発した「東北140号」を父に持つ新しい品種で「酒蔵で酒香を漂わせ、人を酔わせる華になれ」という願いを込めて命名された。55％まで磨いて自社酵母で仕込み、製造から貯蔵まで徹底した品質温度管理を貫いている。クリアでさわやかな酸と、ほんのりとした甘み、しっかりとした旨みがバランスよく料理を引き立てる。

🏠 新澤醸造店

にいざわじょうぞうてん

創業	1873年
住所	宮城県大崎市三本木字北町63
杜氏	新澤巖夫
問	☎0229-52-3002

JUDGE'S C◯MMENTS

丸くキレイな香味が広がる。軽快で口当たりもよい。

控えめではあるが存在感の感じられる香りと、淡麗ではあるがしっかりとした主張が特徴的。

控えめな甘さと淡麗な飲み口がほどよい。酸が魅力。

RANK

7位

芳醇旨口日本酒の代表格「十四代」の気品を堪能できる

生詰
なまづめ
中取り純米吟醸
十四代
播州愛山
日本酒

1.8ℓ

DATA

[使用米]
愛山
[精米歩合]
(麹)50%
(掛)50%
[アルコール度数]
16度
[使用酵母]
山形酵母
[価格]
5,292円(1.8ℓ)
[販売期間]
限定(年2回)
[販売方法]
特約店

TYPE

[香り]
☐ リンゴ系 ☑ バナナ系
☐ その他
[味]
すっきり・・◆・・濃厚
[ガス感]
☐ あり ☑ なし
[推奨温度]
☑ 冷
([0] - [5] - [10] - [15] 度)
☐ 常温 ☐ 燗

十四代

中取り純米吟醸 愛山

じゅうよんだい
なかどりじゅんまいぎんじょう あいやま

自然豊かな山形県村山市富並で、1615年から酒造りを営む高木酒造。近年圧倒的な支持を集める銘酒「十四代」の蔵元である。「不易流行・和醸良酒」を信条に、心で飲む感動する酒を醸すことを追求。伝統の技と近代的技法を駆使し、フルーティーでまろやかな甘みを持つ「十四代」は全国的に大ブレイク。この「中取り純米吟醸 愛山」は、濃醇な酒になるといわれる兵庫県特A地区吉川町産の酒米「愛山」を使い、奥羽山系と葉山の自然水「桜清水」で仕込んでいる。どっしりとした芳醇さと後味のさっぱり感が同居する稀有な酒だ。

今回の受賞では、「受賞を励みに万全の品質管理を更に徹底し、お客様に喜んで頂ける、愛され続ける日本酒を醸し続けたい」とコメントしている。

⌂ 高木酒造

たかぎしゅぞう

創業　1615年
住所　山形県村山市
　　　富並1826
杜氏　高木顕統
問　　☎0237-57-2131

RANK

8位

作
ざく
恵乃智
めぐみのとも
ZAKU
MEGUMI NO TOMO

「作」シリーズで 高い人気を誇る 自社酵母の優雅な香り

720mℓ

DATA

[使用米]
国産米
[精米歩合]
(麹)60%
(掛)60%
[アルコール度数]
15度
[使用酵母]
自社酵母
[価格]
1,226円(720mℓ)
2,450円(1.8ℓ)
[販売期間]
通年
[販売方法]
特約店

TYPE

[香り]
☐ リンゴ系　☐ バナナ系
☑ その他(花系)
[味]
すっきり・・◆・・濃厚
[ガス感]
☐ あり　☑ なし
[推奨温度]
☑ 冷
(0 - 5 - 10 - 15 度)
☑ 常温　☐ 燗

作

恵乃智

さく めぐみのとも

ゴールド4位の「作 奏乃智」に続いて入賞となった清水清三郎商店の「作 恵乃智」。「作」は鈴鹿山脈の伏流水と地元の米を贅沢に使い、地元鈴鹿出身の杜氏が醸すなど、オール地元の酒造りを徹底して貫いている。

それぞれの酒の特性によるきめ細やかな管理にこだわり、米の命を生かし続ける酒の造り方を追い続けてきた。複数受賞について「長年の杜氏の努力と蔵人のチームワークが実を結びました」と喜びの感想を寄せている。また、伊勢杜氏の伝統を引き継ぎ小さな仕事をコツコツと行うことで、よりよい理想の酒を追い求めているという。

「作」の中でも自社酵母を使っている「恵乃智」は、花のような優雅さと、洋ナシのようなジューシーな香りが特徴。冷やしても燗でも楽しめる。

⌂ 清水清三郎商店

しみずせいざぶろうしょうてん

—

創業	1869年
住所	三重県鈴鹿市若松東3-9-33
杜氏	内山智広
問	☎059-385-0011

RANK

9位

24歳の若き杜氏の純米吟醸酒が、酒王国の新時代を呼ぶ

720mℓ

DATA

[使用米]
(麹)山田錦
(掛)五百万石他
[精米歩合]
(麹)55%
(掛)55%
[アルコール度数]
15度
[使用酵母]
自社酵母
[価格]
1,480円(720mℓ)
[販売期間]
限定(年2回)
[販売方法]
特約店

TYPE

[香り]
☑ リンゴ系　☐ バナナ系
☐ その他
[味]
すっきり・・◆・・濃厚
[ガス感]
☐ あり　☑ なし
[推奨温度]
☑ 冷
([0] - [5] - [10] - [15] 度)
☐ 常温　☐ 燗

加茂錦

ロゴラベル 純米吟醸 瓶火入れ

かもにしき
ロゴラベル じゅんまいぎんじょう びんひいれ

1 893年創業の加茂錦酒造は、「北越の小京都」とも呼ばれる風光明媚な加茂市で、120年余り続く小さな酒蔵。多様化した現代の食生活に合う日本酒を醸すべく、伝統的な酒造りをもとに日々研鑽を積んでいる。製造責任者は次期蔵主の田中悠一氏。新潟大学休学中の24歳という気鋭の杜氏が、群雄割拠の越後に新風を吹き込んでいる。年2回の限定販売「ロゴラベル 純米吟醸 瓶火入れ」は、麹米に「山田錦」掛米には新潟県で育成された「五百万石」などを使用。複数の酵母をブレンドし、丁寧に造り込んだ。優しくやわらかな口当たりとフレッシュ感の調和を実現した。田中氏は「ご指導いただいた皆様に感謝申し上げるとともに、また一歩ずつ精進してまいります」とコメント。

⌂ 加茂錦酒造

かもにしきしゅぞう

創業	1893年
住所	新潟県加茂市 仲町3-3
杜氏	田中悠一
問	☎0256-61-1411

JUDGE'S COMMENTS

期待の新星が醸すフレッシュな味わい。21世紀型の純米吟醸酒。

香り、味ともにキレイで透明感にあふれ、スーッと体内に溶け込んでいくようなスムーズな味わい。

おだやかな香りと、キレイでなめらかな味わいが調和している。

RANK

10位

群馬が誇る名峰「赤城山」の麓で造る、米の個性際立つ吟醸酒

720mℓ

DATA

[使用米]
山田錦
[精米歩合]
(麹)50%
(掛)50%
[アルコール度数]
16.5度
[使用酵母]
M310
[価格]
1,400円(720mℓ)
2,800円(1.8ℓ)
[販売期間]
通年
[販売方法]
特約店

TYPE

[香り]
☐ リンゴ系　☐ バナナ系
☑ その他(柑橘系)
[味]
すっきり・・◆・・濃厚
[ガス感]
☐ あり　☑ なし
[推奨温度]
☑ 冷
(0 - 5 - 10 - 15 度)
☐ 常温　☐ 燗

聖

山田錦 純米吟醸

ひじり
やまだにしき じゅんまいぎんじょう

日 本百名山に数えられる「赤城山」の西南麓に流れる冷たくて清らかな伏流水、蛍が舞い沢蟹が遊ぶ自然環境に囲まれた「北橘町下箱田」。聖酒造は、この地で伝統と技を守りながら酒を造り続けて170年以上の歴史を持つ老舗酒蔵だ。

よく澄んだ酒を意味する「聖」と名付けた看板ブランドのうち「聖 山田錦 純米吟醸」は、酒造好適米の山田錦の外側を50％に磨いた米と麹で造られる。日本酒の香味を左右する酒粕と酒に分ける上槽では、酸を際立たせ、半年ほどの瓶貯蔵を経て、バランスがよくなるように仕込んでいる。

山田錦の特徴を生かし、米の上品な旨みと、透明感のある後味を追求している。ワイングラスで5度以下に冷やして堪能するのを推奨したい。

⌂ 聖酒造

ひじりしゅぞう

創業	1841年
住所	群馬県渋川市北橘町下箱田380
杜氏	今井健介
問	☎0279-52-3911

JUDGE'S COMMENTS

軽快ですっきり。少し固さと粗さがあるも、全体的に軽くてキレイ。

心地よい華やかさと旨みが巧みに融和し、心地よい余韻が残る。

酸があり、フレッシュ。さらに米の旨みあり、立香もほどよい。

SAKE COMPETITION 2017 / 純米吟醸 部門 / ● SILVER 受賞

SAKE COMPETITION has the world most number of entry and the competition only for Japanese sake.

渡舟

純米吟醸 五十五
わたりぶね じゅんまいぎんじょう ごじゅうご

⌂ 府中誉 ふちゅうほまれ
創業　1854年
住所　茨城県石岡市国府5-9-32
杜氏　中島勲　　問　☎0299-23-0233

720mℓ

奇跡の酒米に蔵元の想いをのせた幻の酒

　幕末迫る1854（安政元）年の創業で、酒蔵は国登録文化財に指定された老舗。筑波山を源とする湧水に恵まれた土地で酒造りを続ける。代表銘柄「渡舟」は絶滅品種といわれた幻の酒米「短稈渡船」で醸造。代々継承してきた伝統技術で造られたこの酒は、酒米「短稈渡船」55％精米。さわやかで軽快な純米吟醸の旨みが広がる飲み口は、脂の多い海鮮とも相性がぴったりだ。

DATA

[使用米]短稈渡船
[精米歩合]（麹）55％／（掛）55％
[アルコール度数]15度
[使用酵母]1801系、1401系
[価格]1,500円(720mℓ)／2,900円(1.8ℓ)
[販売期間]通年
[販売方法]特約店

TYPE

[香り]	☐ リンゴ系　☑ バナナ系	
	☐ その他	
[味]	すっきり・・◆・・濃厚	
[ガス感]	☐ あり　☑ なし	
[推奨温度]	☑ 冷　（ ⓪ - ❺ - ⑩ - ⑮ 度 ）	
	☐ 常温　☐ 燗	

山の井
やまのい

⌂ 会津酒造 あいづしゅぞう
創業　1688年頃
住所　福島県南会津郡会津町永田603
杜氏　渡部景大　　問　☎0241-62-0012

720mℓ

歴史ある蔵で醸す存在感抜群の極み酒

　重要文化財も豊富な歴史ある福島県南会津町で元禄年間に創業した会津酒造。江戸時代に建造された蔵で醸している。
　土地の環境を最大限生かした造りが特徴で、仕込み水は地下60ｍから汲み上げた超軟水のまろやかな井戸水を使用。それにより丸みを持たせながら軽い酒質となり、フルーティーな香りが広がる。

DATA

[使用米]雄町
[精米歩合]（麹）50％／（掛）50％
[アルコール度数]15度
[使用酵母]非公開
[価格]1,800円(720mℓ)／3,800円(1.8ℓ)
[販売期間]限定
[販売方法]特約店

TYPE

[香り]	☑ リンゴ系　☑ バナナ系	
	☐ その他	
[味]	すっきり・・◆・・濃厚	
[ガス感]	☐ あり　☑ なし	
[推奨温度]	☑ 冷　（ ⓪ - ❺ - ⑩ - ⑮ 度 ）	
	☐ 常温　☑ 燗	

磯自慢

純米吟醸
いそじまん じゅんまいぎんじょう

🏠 **磯自慢酒造** いそじまんしゅぞう
創業　1830年
住所　静岡県焼津市鰯ヶ島307
杜氏　多田信男　　問　☎054-628-2204

強固な信念と謙虚な姿勢で醸す筋の通った酒

1.8ℓ

　1983年に製品化した銘酒ブランド「磯自慢」の原点となる純米吟醸。兵庫県特A地区東条産の山田錦と南アルプスからの名水である大井川伏流水を使用し、冷蔵仕込室での低温発酵と独自の麹造りで丁寧に仕込んだ「ひと手間」がわかる酒だ。くどさのないさわやかな吟醸香とやわらかい甘みがありキレのいい後口。9〜13度に冷やした状態が香りと味のベストなバランスを味わえる。

DATA

[使用米]東条山田錦特上米
[精米歩合](麹)50%／(掛)55%
[アルコール度数]16〜17度
[使用酵母]蔵内酵母(酢酸イソアミル系)
[価格]4,200円(1.8ℓ)
[販売期間]通年
[販売方法]特約店

TYPE

[香り]　☐ リンゴ系　☐ バナナ系
　　　　☑ その他(酢酸イソアミル系)
[味]　　すっきり・・・◆・・濃厚
[ガス感]　☐ あり　☑ なし
[推奨温度]☑ 冷　(❶ - ❺ - ❿ - ⓯ 度)
　　　　　☐ 常温　☐ 燗

東洋美人

純米吟醸 一歩 山田錦
とうようびじん じゅんまいぎんじょう いっぽ やまだにしき

🏠 **澄川酒造場** すみかわしゅぞうじょう
創業　1921年
住所　山口県萩市大字中小川611
杜氏　澄川宜史　　問　☎08387-4-0001

災害を乗り越えてさらなる進化をとげた銘酒

1.8ℓ

　2013年に山口県萩市を襲った集中豪雨によって酒造りの施設が壊滅的な被害を受けた澄川酒造場が酒造りの原点に返り醸した本作。最新鋭の設備を整え、天才醸造家の呼び声高い蔵元の澄川宜史氏の研ぎ澄まされた感覚により、高品質の酒を表現した。山田錦本来の旨みと穏やかな香り、甘みのバランスが際立つ。透明感のあるのどごしは蔵元の熱い想いの結晶だ。

DATA

[使用米]山田錦
[精米歩合](麹)40%／(掛)50%
[アルコール度数]16度
[使用酵母]自社酵母
[価格]3,000円(1.8ℓ)
[販売期間]限定(5月〜)
[販売方法]特約店

TYPE

[香り]　☑ リンゴ系　☐ バナナ系
　　　　☐ その他
[味]　　すっきり・・◆・・濃厚
[ガス感]　☐ あり　☑ なし
[推奨温度]☑ 冷　(❶ - ❺ - ❿ - ⓯ 度)
　　　　　☐ 常温　☐ 燗

うごのつき

純米吟醸 山田錦

うごのつき じゅんまいぎんじょう やまだにしき

相原酒造 あいはらしゅぞう
創業　1875年
住所　広島県呉市仁方本町1-25-15
杜氏　堀本敦志　　問　☎0823-79-5008

720mℓ

広島屈指の蔵元が醸す、大吟醸造りの酒

「うごのつき」は瀬戸内海沿岸地方の花崗岩層から湧き出る良質な軟水で仕込まれている。「雨上がりの月の周りを明るく照らすような澄み切った酒」を目指して命名された。純米吟醸らしい透明感のある味わい、旨みの余韻、キレのよさは飲み飽きせず、豆腐や刺身、牡蠣などの食事との相性が抜群。冷も燗もどちらでも楽しめるが、蔵元のおすすめはよく冷やしてワイングラスで。

[DATA]
[使用米]山田錦
[精米歩合](麹)50%／(掛)50%
[アルコール度数]16度
[使用酵母]901号、1801号
[価格]1,600円(720mℓ)／3,200円(1.8ℓ)
[販売期間]通年
[販売方法]特約店

[TYPE]
[香り]　☑ リンゴ系　☐ バナナ系　☐ その他
[味]　すっきり・・◆・・濃厚
[ガス感]　☐ あり　☑ なし
[推奨温度]　☑ 冷　（⓪ - ❺ - ⑩ - ⑮ 度）　☐ 常温　☐ 燗

AKABU

純米吟醸

アカブ じゅんまいぎんじょう

赤武酒造 あかぶしゅぞう
創業　1890年
住所　岩手県盛岡市北飯岡1-8-60
杜氏　古舘龍之介　　問　☎019-681-8895

720mℓ

平成生まれの杜氏が贈るニューウェーブ吟醸酒

2013年、岩手県盛岡市に新蔵（復活蔵）を建設。その蔵は品質管理を基礎に味わいのある日本酒を醸すために設計された。杜氏の古舘龍之介は平成4年生まれできき酒チャンピオンの経歴を持つ期待の若手。「おいしくない酒は絶対に出さない」をモットーに岩手の酒米「吟ぎんが」を50％精米し芳醇旨口を追及。透き通った口当たりとフレッシュさが特徴で、清々しい香りが広がる。

[DATA]
[使用米]吟ぎんが
[精米歩合](麹)50%／(掛)50%
[アルコール度数]16度
[使用酵母]ジョバンニの調べ
[価格]1,600円(720mℓ)／3,200円(1.8ℓ)
[販売期間]通年
[販売方法]特約店

[TYPE]
[香り]　☑ リンゴ系　☐ バナナ系　☐ その他
[味]　すっきり・・・◆・濃厚
[ガス感]　☐ あり　☑ なし
[推奨温度]　☑ 冷　（⓪ - ⑤ - ❿ - ⑮ 度）　☐ 常温　☐ 燗

あたごのまつ

ひと夏の恋 純米吟醸

あたごのまつ ひとなつのこい じゅんまいぎんじょう

[蔵] **新澤醸造店** にいざわじょうぞうてん
創業　1873年
住所　宮城県大崎市三本木字北町63
杜氏　新澤巖夫　　問　☎0229-52-3002

720mℓ

宮城を代表する名蔵が手がける夏の地酒

1873（明治6）年創業の新澤醸造店が醸す「あたごのまつ」の夏季限定商品。ラベルに並んだピンクのハートが、暑い夏にも日本酒を楽しんでほしい願いが込められている。宮城県産「ひとめぼれ」を55％精米、宮城酵母を用いるなどすべて宮城県産の原料にこだわる。グレープフルーツのようなさわやかな酸、軽快な口当たりとキレのいい後味は夏場の料理を引き立たせてくれる。

DATA

[使用米]ひとめぼれ
[精米歩合]（麹）55%／（掛）55%
[アルコール度数]16度
[使用酵母]宮城酵母
[価格]1,700円（720mℓ）／2,720円（1.8ℓ）
[販売期間]限定（6～8月）
[販売方法]特約店

TYPE

[香り]	☐ リンゴ系　☑ バナナ系 ☐ その他
[味]	すっきり ◆・・・・ 濃厚
[ガス感]	☐ あり　☑ なし
[推奨温度]	☑ 冷　（ 0 - **5** - 10 - 15 度 ） ☐ 常温　☐ 燗

豊能梅

純米吟醸 吟の夢仕込み

とよのうめ じゅんまいぎんじょう ぎんのゆめしこみ

[蔵] **高木酒造** たかぎしゅぞう
創業　1884年
住所　高知県香南市赤岡町443
杜氏　高木直之　　問　☎0887-55-1800

720mℓ

土佐らしさを存分に感じられる「豊能梅」の入門酒

土佐を代表する高木酒造が高知県で生まれた酒造好適米「吟の夢」で醸す酒。母に山田錦、父にヒノヒカリを持ち、山田錦の酒造適性と高知の気候に適応した酒米を50％まで磨いた「吟の夢」と、物部川の伏流水と高知酵母を用いて低温発酵させた100％土佐素材の純米吟醸酒。大吟醸系の華やかで上品な香り、上品な米の旨みを持ちながらシャープさがあり、食中酒に最適だ。

DATA

[使用米]吟の夢
[精米歩合]（麹）50%／（掛）50%
[アルコール度数]16度
[使用酵母]高知酵母（CEL19、AC95）
[価格]1,500円（720mℓ）／3,000円（1.8ℓ）
[販売期間]通年
[販売方法]一般流通、蔵元直売あり

TYPE

[香り]	☑ リンゴ系　☐ バナナ系 ☐ その他
[味]	すっきり・◆・・・ 濃厚
[ガス感]	☐ あり　☑ なし
[推奨温度]	☑ 冷　（ 0 - 5 - **10** - **15** 度 ） ☐ 常温　☐ 燗

SAKE COMPETITION 2017 　／　純米吟醸 部門　／　● SILVER 受賞

*SAKE COMPETITION has the world
most number of entry and the competition
only for Japanese sake.*

大盃
純米吟醸
おおさかずき じゅんまいぎんじょう

⌂ 牧野酒造　まきのしゅぞう
創業　1690年
住所　群馬県高崎市倉渕町権田2625-1
杜氏　岩清水文雄　　問 ☎027-378-2011

山紫水明の地で醸す「米」を知り尽くした逸品

720mℓ

　1690年創業という群馬県内最古の蔵元だ。幕末に蔵元の先祖が遣米使節として渡米、帰国後に大きな盃で祝盃をあげたことにちなみ「大盃」と名付けた。純米吟醸酒は酒造好適米の山田錦100%、仕込み水は上毛三山・榛名山の伏流水を使用。長い歴史と恵まれた環境において醸し出された「大盃 純米吟醸」は穏やかな香りとバランスのよいまろやかな味わいが特徴で食中酒に適している。

DATA
[使用米]山田錦
[精米歩合(麹)50%/(掛)50%
[アルコール度数]15度
[使用酵母]非公開
[価格]1,600円(720mℓ)/3,200円(1.8ℓ)
[販売期間]通年
[販売方法]一般流通、蔵元直売あり

TYPE
[香り]　□ リンゴ系　☑ バナナ系
　　　　□ その他
[味]　　すっきり・・◆・・濃厚
[ガス感]　□ あり　☑ なし
[推奨温度]☑ 冷 (**0** - **5** - 10 - 15 度)
　　　　　□ 常温　□ 燗

寫樂
純米吟醸
しゃらく じゅんまいぎんじょう

⌂ 宮泉銘醸　みやいずみめいじょう
創業　1955年
住所　福島県会津若松市東栄町8-7
杜氏　宮森義弘　　問 ☎0242-27-0031

異色の経歴を持つ会津スター蔵元渾身の1本

720mℓ

　会津若松城の門前に蔵を構える宮泉銘醸。「日本酒はとてもおいしいものなんだと思ってもらいたい」と語る4代目蔵元は、システムエンジニアから酒蔵を継いだ経歴の持ち主であり、近年の福島酒ブームの中心的存在だ。純米吟醸は淡麗ですっきりとした酒を造る米「五百万石」を使用。口に含んだ時に果実のような含み香があり米の味が濃いのが特徴。冷酒で堪能してほしい。

DATA
[使用米]五百万石
[精米歩合(麹)50%/(掛)50%
[アルコール度数]16度
[使用酵母]うつくしま夢酵母(F7-01)
[価格]1,600円(720mℓ)/3,200円(1.8ℓ)
[販売期間]通年
[販売方法]特約店

TYPE
[香り]　□ リンゴ系　☑ バナナ系
　　　　□ その他
[味]　　すっきり・・◆・・濃厚
[ガス感]　□ あり　☑ なし
[推奨温度]☑ 冷 (**0** - 5 - 10 - 15 度)
　　　　　□ 常温　□ 燗

澤の花

花あかり 純米吟醸

さわのはな はなあかり じゅんまいぎんじょう

🏠 **伴野酒造** とものしゅぞう

創業　1901年

住所　長野県佐久市野沢123

杜氏　伴野貴之　　問　☎0267-62-0021

720mℓ

さわやかな香りが信州佐久の春を思わせる花見酒

1901（明治34）年創業の伴野酒造のコンセプトは「幸せな心地よさ」。「澤の花」は信州佐久の清流に咲く美しい花を連想して命名。「花あかり」は、花咲く季節をイメージした春の限定商品だ。長野県産美山錦に全量切り替え、50%精米の吟醸造りと小川酵母により春らしい華やかさを表現している。マスカット系の香りは春に咲く花を連想させ、丸みを帯びた甘さとさわやかな余韻が楽しめる。

[DATA]

[使用米]美山錦

[精米歩合]（麹）50%／（掛）50%

[アルコール度数]16度

[使用酵母]明利小川酵母

[価格]1,500円（720mℓ）／2,860円（1.8ℓ）

[販売期間]限定（3〜4月）

[販売方法]特約店

[TYPE]

[香り]　☐ リンゴ系　☐ バナナ系　☑ その他（マスカット系）

[味]　すっきり・・・◆・濃厚

[ガス感]　☐ あり　☑ なし

[推奨温度]　☑ 冷　（0 - **5** - **10** - 15 度）　☐ 常温　☐ 燗

宮寒梅

純米吟醸45%

みやかんばい じゅんまいぎんじょう

🏠 **寒梅酒造** かんばいしゅぞう

創業　1957年

住所　宮城県大崎市古川柏崎字境田15

杜氏　岩﨑健弥　　問　☎0229-26-2037

720mℓ

ファーストクラスでも定番の看板商品

寒梅酒造の使用する酒米はほとんどが自社田栽培で、社長自ら栽培〜醸造まで一貫して指揮を執る。酒造りも極力人の手で行い、蔵人の技術と経験を最大限に生かした日本酒造りをしている。華の舞うような豊かな香りと米の旨み、さわやかなキレある後味が特徴で、冷やから常温がベストな飲み頃。2016年12月〜2017年8月にANA国際線ファーストクラス、ビジネスクラスで提供された。

[DATA]

[使用米]美山錦

[精米歩合]（麹）45%／（掛）45%

[アルコール度数]16度

[使用酵母]宮城酵母

[価格]1,500円（720mℓ）／2,759円（1.8ℓ）

[販売期間]通年

[販売方法]特約店

[TYPE]

[香り]　☑ リンゴ系　☐ バナナ系　☐ その他

[味]　すっきり・・◆・・濃厚

[ガス感]　☐ あり　☑ なし

[推奨温度]　☑ 冷　（**0** - **5** - **10** - **15** 度）　☑ 常温　☐ 燗

あたごのまつ

純米吟醸 ささら
あたごのまつ じゅんまいぎんじょう ささら

新澤醸造店 にいざわじょうぞうてん
創業 1873年
住所 宮城県大崎市三本木字北町63
杜氏 新澤巖夫 問 ☎0229-52-3002

720mℓ

詩人が愛した銘酒が料理を引き立てる

詩人・土井晩翠を魅了した銘酒としても知られる「あたごのまつ」。新澤醸造店では「伯楽星」と並び、料理を引き立てる「究極の食中酒」がコンセプトだ。宮城酵母を用いており、ふんわりとバナナやメロンを思わせる吟醸香で、食事と一緒に飲むことで旨みがさらに増していく。すっと消えていくさわやかな余韻とさっぱり感でいつまでも飲み続けたくなるキレイな味わいが特徴だ。

DATA
[使用米]蔵の華
[精米歩合](麹)55%／(掛)55%
[アルコール度数]16度
[使用酵母]宮城酵母
[価格]1,500円(720mℓ)／2,770円(1.8ℓ)
[販売期間]通年
[販売方法]特約店

TYPE
[香り] ☐ リンゴ系 ☑ バナナ系 ☐ その他
[味] すっきり ◆・・・・ 濃厚
[ガス感] ☐ あり ☑ なし
[推奨温度] ☑ 冷 (⓪-❺-⑩-⑮ 度) ☐ 常温 ☐ 燗

開運

純米吟醸 山田錦
かいうん じゅんまいぎんじょう やまだにしき

土井酒造場 どいしゅぞうじょう
創業 1872年
住所 静岡県掛川市小貫633
杜氏 榛葉農 問 ☎0537-74-2006

1.8ℓ

能登杜氏伝統の職人気質と最新の酒造設備で醸す祝酒

能登杜氏四天王のひとり、波瀬正吉氏が長年醸してきた「開運」。波瀬氏亡き後も能登流の酒造りを受け継ぎ、明治以来の伝統的な酒蔵と最新の酒造設備を融合させた酒造りを行っている。高天神城の湧き水と兵庫県特A地区産の山田錦で仕込まれた純米吟醸は、米のクリアで豊かな味わいとキレのいい後味。肉料理との相性が特によく、キンキンに冷やしても味のバランスが崩れない。

DATA
[使用米]山田錦
[精米歩合](麹)50%／(掛)50%
[アルコール度数]16度
[使用酵母]静岡酵母
[価格]3,400円(1.8ℓ)
[販売期間]通年
[販売方法]一般流通、蔵元直売あり

TYPE
[香り] ☐ リンゴ系 ☐ バナナ系 ☑ その他(メロン系、マスカット系、ベリー系)
[味] すっきり・・◆・・濃厚
[ガス感] ☐ あり ☑ なし
[推奨温度] ☑ 冷 (⓪-❺-❿-⑮ 度) ☐ 常温 ☐ 燗

美丈夫

純米吟醸 純麗たまラベル

びじょうふ じゅんまいぎんじょう じゅんれいたまラベル

🏠 **濵川商店** はまかわしょうてん
創業 1904年
住所 高知県安芸郡田野町2150
杜氏 小原昭 問 ☎0887-38-2004

720mℓ

最高品質の酒米と仕込み水が互いに引き立て合う

洗米・浸漬時の限定吸水を行うことで山田錦に似た酒造特性を示すと、近年注目されている品種「松山三井」。高知県奈半利川の超軟水を仕込み水に採用するこだわりにより、きめ細やかな酒となっている。食中酒として最適な純米吟醸酒であり、辛口ながらもほのかに甘みが感じられるソフトさを持ち合せる。控えめながらバナナ系の吟醸香とシャープなキレは「これぞ美丈夫」といえる逸品。

DATA

[使用米]松山三井
[精米歩合](麹)55%／(掛)55%
[アルコール度数]15度
[使用酵母]熊本系
[価格]1,350円(720mℓ)／2,600円(1.8ℓ)
[販売期間]通年
[販売方法]特約店

TYPE

[香り] ☐ リンゴ系 ☑ バナナ系 ☐ その他
[味] すっきり ◆・・・・ 濃厚
[ガス感] ☐ あり ☑ なし
[推奨温度] ☑ 冷 （⓪ - ⑤ - **⑩** - **⑮** 度） ☑ 常温 ☐ 燗

十四代

中取り純米吟醸 山田錦

じゅんよんだい なかどりじゅんまいぎんじょう やまだにしき

🏠 **高木酒造** たかぎしゅぞう
創業 1615年
住所 山形県村山市富並1826
杜氏 高木顕統 問 ☎0237-57-2131

1.8ℓ

ほの甘い香りが魅了する幻の中取り純米吟醸酒

山形県を代表する高木酒造の「十四代」から、透明感に優れた中取り純米吟醸がエントリー。「中取り」とは酒を搾る工程で流れ出る酒の中間部分を指し、品質が安定することが特徴だ。十四代の代名詞「旨口」を堪能できる逸品で、吟味豊かで優雅、そして日本酒の概念を覆すほどのフルーティーな香りが持ち味。酒米は兵庫県特A地区産の東条山田錦を50％精米して使用している。

DATA

[使用米]山田錦
[精米歩合](麹)50%／(掛)50%
[アルコール度数]16度
[使用酵母]山形酵母
[価格]4,212円(1.8ℓ)
[販売期間]限定(年2回)
[販売方法]特約店

TYPE

[香り] ☑ リンゴ系 ☐ バナナ系 ☐ その他
[味] すっきり・・◆・・濃厚
[ガス感] ☐ あり ☑ なし
[推奨温度] ☑ 冷 （⓪ - **⑤** - ⑩ - ⑮ 度） ☐ 常温 ☐ 燗

山城屋

純米吟醸 山田錦
やましろや じゅんまいぎんじょう やまだにしき

🏠 **越銘醸** こしめいじょう
創業 1845年
住所 新潟県長岡市栃尾大町2-8
杜氏 浅野宏文 問 ☎0258-52-3667

720mℓ

雪国の厳しい環境と伝統製法で醸す寒造りの酒

新潟県下、有数の豪雪地帯で知られる長岡市栃尾は上杉謙信が幼少期を過ごしたゆかりの地。四方を山に囲まれた小さな盆地で、冬は雪に覆われることから寒暖の差も少ない。酒造りに恵まれたこの環境を生かすべく、寒仕込みと伝統の製法で造られた「山城屋 純米吟醸 山田錦」は地元・新潟酵母を使い、香り、旨み、酸のバランスに優れた軽快な酒質で洋食にもマッチする。

DATA

[使用米]山田錦
[精米歩合](麹)50%／(掛)50%
[アルコール度数]16度
[使用酵母]新潟酵母
[価格]1,550円(720mℓ)／3,100円(1.8ℓ)
[販売期間]限定(無くなり次第終了)
[販売方法]特約店

TYPE

[香り] ☐ リンゴ系 ☐ バナナ系 ☑ その他(ベリー系)
[味] すっきり・・・◆・濃厚
[ガス感] ☐ あり ☑ なし
[推奨温度] ☑ 冷 （0 - 5 - 10 - 15 度） ☐ 常温 ☐ 燗

飛露喜

純米吟醸 山田穂
ひろき じゅんまいぎんじょう やまだぼ

🏠 **廣木酒造本店** ひろきしゅぞうほんてん
創業 江戸時代中期
住所 福島県河沼郡会津坂下町字市中二番甲3574
杜氏 廣木健司 問 ☎0242-83-2104

1.8ℓ

透明感と濃密さ、相反する2つが融合した人気ブランド

廣木酒造本店は江戸時代中期に会津坂下町で創業。かつては越後街道で酒を提供していたという。9代目蔵元が杜氏として「濃密な透明感と存在感のある酒を造ることが夢」との思いから誕生したブランドがこの「飛露喜」だ。酸が少なく吟醸香が高い酒を醸す酵母を使うことで、メロン香が際立つ薫酒※1を生み出し、絶大な人気を集めた。味もクリアでバランスのよさが傑出している。

DATA

[使用米](麹)山田錦／(掛)山田穂
[精米歩合](麹)50%／(掛)50%
[アルコール度数]16.3度
[使用酵母]10号
[価格]3,600円(1.8ℓ)
[販売期間]限定(年1回7月)
[販売方法]特約店

TYPE

[香り] ☐ リンゴ系 ☐ バナナ系 ☑ その他(メロン系)
[味] すっきり・・◆・・濃厚
[ガス感] ☐ あり ☑ なし
[推奨温度] ☑ 冷 （0 - 5 - 10 - 15 度） ☐ 常温 ☐ 燗

阿部勘

純米吟醸 ひより

あべかん じゅんまいぎんじょう ひより

阿部勘酒造 あべかんしゅぞう

創業　1716年

住所　宮城県塩竈市西町3-9

杜氏　平塚敏明　　問　☎022-362-0251

720mℓ

奥州一宮・塩竈神社の御神酒と魚料理に合う酒を探求

阿部勘酒造は江戸時代、仙台藩主伊達氏が信奉した塩竈神社への御神酒御用酒屋として創業。以来御神酒を奉納する伝統ある蔵だ。港町塩竈で水揚げされる海の幸が引き立つ食中酒を目指している。地元宮城県石巻産の酒米「ひより」と宮城酵母を使い、低温でじっくり時間をかけて醸すこの酒は、ほどよい酸の旨さと甘みが調和した軽やかな口当たり。食が進むこと請け合いだ。

[DATA]

[使用米]ひより

[精米歩合]（麹）55%／（掛）55%

[アルコール度数]15度

[使用酵母]宮城酵母

[価格]1,650円（720mℓ）／3,300円（1.8ℓ）

[販売期間]通年

[販売方法]特約店

[TYPE]

[香り]　☐ リンゴ系　☑ バナナ系　☐ その他

[味]　すっきり・◆・・・濃厚

[ガス感]　☐ あり　☑ なし

[推奨温度]　☑ 冷　（[0] - [5] - **[10]** - [15] 度）　☐ 常温　☐ 燗

流輝

純米吟醸 山田錦

るか じゅんまいぎんじょう やまだにしき

松屋酒造 まつやしゅぞう

創業　1951年

住所　群馬県藤岡市藤岡乙180

杜氏　松原広幸　　問　☎0274-22-0022

720mℓ

小さな蔵の次世代が造る日本酒

「流輝」は杜氏が自身の子どもに名付けるほどの想いを込めて醸している情熱のブランドだ。自ら原料処理から醸造、瓶詰めまで丹精込めて行っており、手造り・少量生産にこだわる逸品だ。また、仕込み水には御荷鉾山系から流れる中硬水を使用しており、透明感とややミネラルを感じる特徴的な味に仕上がっている。ひとくち飲めば、若い果実を連想させる含み香が優しく口に広がる。

[DATA]

[使用米]山田錦

[精米歩合]（麹）60%／（掛）60%

[アルコール度数]16%

[使用酵母]10号系

[価格]1,400円（720mℓ）／2,750円（1.8ℓ）

[販売期間]通年

[販売方法]特約店

[TYPE]

[香り]　☑ リンゴ系　☐ バナナ系　☐ その他

[味]　すっきり・・◆・・濃厚

[ガス感]　☐ あり　☑ なし

[推奨温度]　☑ 冷　（[0] - [5] - [10] - **[15]** 度）　☐ 常温　☐ 燗

※1 薫酒　日本酒を大きく4つに分類したとき、フルーティーで華やかな香りが特徴の酒のこと。

美潮

純米吟醸 雄町

みしお じゅんまいぎんじょう おまち

仙頭酒造場 せんとうしゅぞうじょう
創業 1903年
住所 高知県安芸郡芸西村和食甲1551
杜氏 仙頭竜太 問 ☎0887-33-2611

720mℓ

蜜のようなとろみに驚愕! 伝統蔵の新銘柄

四国山地の山々と黒潮の波音が聞こえる海にはさまれた温暖な村で酒造りを続ける仙頭酒造場。2014年に販売開始した「美潮 純米吟醸 雄町」は、「酒は育てるもの」という信念に立ち返った新ブランド。岡山県産「雄町」を、四国山系の伏流水と高知酵母で仕込んでいる。深みのある香りと、とろみのある熟れた果実のような甘さ、デザートワインのように食後酒としても楽しめる。

DATA

[使用米]雄町
[精米歩合](麹)50%/(掛)50%
[アルコール度数]15度
[使用酵母]高知酵母
[価格]1,750円(720mℓ)/3,500円(1.8ℓ)
[販売期間]通年
[販売方法]特約店

TYPE

[香り] ☑ リンゴ系 ☑ バナナ系 ☐ その他
[味] すっきり・・・◆・濃厚
[ガス感] ☐ あり ☑ なし
[推奨温度] ☑ 冷 (⓪ - ⑤ - ⑩ - ⑮ 度) ☐ 常温 ☐ 燗

旭興

純米吟醸 無加圧

きょくこう じゅんまいぎんじょう むかあつ

渡邉酒造 わたなべしゅぞう
創業 1892年
住所 栃木県大田原市須佐木797-1
杜氏 渡邉英憲 問 ☎0287-57-0107

720mℓ

無加圧にこだわったまろやかな味わい

渡邉酒造は酒処・栃木で注目度急上昇中の知る人ぞ知る銘醸だ。大学で醸造学を学んだ若い蔵元が杜氏として銘酒を生み出している。武茂川の伏流水の清冽な水と山田錦を仕込む。厳寒期の冷涼な気候の下、昔ながらの酒槽※1を使用し、加圧せずに醪の重みで自然に落ちてきたものを贅沢に搾る。手作業で細部までこだわって造った純米吟醸だ。よく冷やしてから味わってほしい。

DATA

[使用米]山田錦
[精米歩合](麹)48%/(掛)48%
[アルコール度数]17度
[使用酵母]601号、701号、1801号
[価格]2,000円(720mℓ)/4,000円(1.8ℓ)
[販売期間]限定(年1回)
[販売方法]特約店

TYPE

[香り] ☑ リンゴ系 ☐ バナナ系 ☐ その他
[味] すっきり・・◆・・濃厚
[ガス感] ☐ あり ☑ なし
[推奨温度] ☑ 冷 (⓪ - ⑤ - ⑩ - ⑮ 度) ☐ 常温 ☐ 燗

石鎚

純米吟醸 無濾過 中汲み 山田錦

いしづち じゅんまいぎんじょう むろか なかぐみ やまだにしき

🏠 石鎚酒造 いしづちしゅぞう
創業　1920年
住所　愛媛県西条市氷見丙402-3
杜氏　越智稔　問　☎0897-57-8000

四国・石鎚山の麓で守り続ける名水仕込みの家族酒

720mℓ

日本百景にも認定される西日本最高峰の石鎚山近くに蔵を有する石鎚酒造。家族4人だけの小規模だが愛情と情熱のこもった酒造りを貫く。敷地内に湧く名水、自家培養酵母を用いるなど唯一無二の酒造りによって仕込まれ、昔ながらの槽搾りにより豊かな吟醸香を生む。長期低温発酵による優しく軽快な口当たりと、なめらかですっきり飲みやすい酒はどんな肴にもよく合う。

DATA

[使用米]山田錦
[精米歩合](麹)50%／(掛)50%
[アルコール度数]16〜17度
[使用酵母]自社酵母
[価格]1,650円(720mℓ)／3,300円(1.8ℓ)
[販売期間]通年
[販売方法]一般流通

TYPE

[香り]	☐ リンゴ系	☑ バナナ系
	☐ その他	
[味]	すっきり・◆・・・濃厚	
[ガス感]	☐ あり	☑ なし
[推奨温度]	☑ 冷 (❶-❺-❿-⓯ 度)	
	☐ 常温	☐ 燗

※1 槽　仕込んだ醪を搾る時に使う昔ながらの搾り機能。醪の入った酒袋を並べ重ねて入れ、これを左右から搾る舟型の器物を槽(ふね)または酒槽(さかふね)という。
※2 ひやおろし　秋に瓶詰めして出荷する酒のことである。その際、火入れをしない(=冷えたままで卸すこと)から、この名称ができた。

土佐しらぎく

純米吟醸 吟の夢〈生詰〉

とさしらぎく じゅんまいぎんじょう ぎんのゆめ なまづめ

◎ 仙頭酒造場 せんとうしゅぞうじょう
創業　1903年
住所　高知県安芸郡芸西村和食甲1551
杜氏　仙頭竜太　問　☎0887-33-2611

土佐人の心意気が生むひやおろし※2

720mℓ

四国の山々の緑と太平洋の碧い海に囲まれた自然豊かな村で営んできた仙頭酒造場は酒造りのほとんどの作業を手造りで行っている。高知で誕生した悲願の酒米「吟の夢」と四国の山から流れる伏流水を使い、火入後にひと夏じっくり熟成し、秋に出荷されるのがこのひやおろしだ。季節感あふれる旬の酒で、穏やかな香りと味わいを残しながら口当たりのやさしい味わいだ。

DATA

[使用米]吟の夢
[精米歩合](麹)55%／(掛)55%
[アルコール度数]15度
[使用酵母]高知酵母
[価格]1,500円(720mℓ)／3,000円(1.8ℓ)
[販売期間]通年※秋出荷のみ「ひやおろし」と表示
[販売方法]特約店

TYPE

[香り]	☐ リンゴ系	☑ バナナ系
	☐ その他	
[味]	すっきり・・◆・・濃厚	
[ガス感]	☐ あり	☑ なし
[推奨温度]	☑ 冷 (❶-❺-❿-⓯ 度)	
	☑ 常温	☑ 燗

寒紅梅

純米吟醸50% 山田錦 遅咲き瓶火入
かんこうばい じゅんまいぎんじょう50% やまだにしき おそざきびんひいれ

寒紅梅酒造 かんこうばいしゅぞう
創業　1868年
住所　三重県津市栗真中山町433
杜氏　増田明弘　　問　☎059-232-3005

720mℓ

古来より米どころ、酒どころとして栄えてきた伊勢の酒

古来より米どころとして知られた伊勢で江戸時代に創業した寒紅梅酒造は代々受け継がれてきた酒造りを継承。「純米吟醸50% 山田錦 遅咲き瓶火入」は米本来の風味を生かすべく瓶詰めした無濾過の生酒を高温の湯煎にかける「瓶火入れ」で仕込む。口に含むとまるで完熟した果物のような華やかな香りが立つ。酸の中に甘みを含んでおり、ジューシーかつキレのいい飲み口はしびれる。

DATA
[使用米]山田錦
[精米歩合](麹)50%／(掛)50%
[アルコール度数]15度
[使用酵母]明利系
[価格]1,500円(720mℓ)／3,000円(1.8ℓ)
[販売期間]通年
[販売方法]特約店

TYPE
[香り]　☑ リンゴ系　☐ バナナ系
　☐ その他(　　　　)
[味]　すっきり・◆・・・濃厚
[ガス感]　☑ あり　☐ なし
[推奨温度]　☑ 冷　(0 - 5 - 10 - 15 度)
　☐ 常温　☐ 燗

戦勝政宗

純米吟醸
せんしょうまさむね じゅんまいぎんじょう

仙台伊澤家 勝山酒造
せんだいいさわけ かつやましゅぞう
創業　1688年
住所　宮城県仙台市泉区福岡字二又25-1
杜氏　後藤光昭　　問　☎022-348-2611

1.8ℓ

宮城の酒のプロもアマチュアも太鼓判を押す名酒

宮城のテロワールを瓶詰めした作品。平成28酒造年度の宮城県清酒鑑評会純米吟醸部門で最高位の宮城県知事賞と、一般の日本酒好きが投票する「日本酒サポーターズ賞」の1位金賞と最高位をダブルで獲得している。「戦勝政宗」は日清日露戦争の頃に「戦に勝つ清酒」として名付けた勝山酒造のもう1つの銘柄で専門店向きに復刻した酒。キレのよい旨口酒で料理を引き立てる。

DATA
[使用米]国産米
[精米歩合](麹)55%／(掛)55%
[アルコール度数]16度
[使用酵母]宮城酵母
[価格]3,200円(1.8ℓ)
[販売期間]通年
[販売方法]特約店

TYPE
[香り]　☑ リンゴ系　☐ バナナ系
　☐ その他
[味]　すっきり・・◆・・濃厚
[ガス感]　☐ あり　☑ なし
[推奨温度]　☑ 冷　(0 - 5 - 10 - 15 度)
　☐ 常温　☐ 燗

末廣

純米吟醸 月の花

すえひろ じゅんまいぎんじょう つきのはな

末廣酒造 すえひろしゅぞう

創業　1850年

住所　福島県大沼郡会津美里町宮里81

杜氏　津佐幸明　　問　☎0242-54-7788

歴史薫る嘉永蔵で連綿と受け継がれる入魂の「瓶燗瓶貯」

720mℓ

　1850年に創業した末廣酒造はシンボリックな嘉永蔵を今に残す由緒正しき老舗。会津の風土に根差した酒を醸造しているが、近年は最新鋭のテクノロジーも取り入れさらなる進化をとげた。「月の花」は福島県が独自に開発した酒造好適米「夢の香」を使い、低温発酵、酒質の劣化を抑える「瓶燗瓶貯」で造る革新の1本。果実の香りの中に豊潤な深い味が静かに口に広がる。

DATA

[使用米]夢の香

[精米歩合](麹)50%／(掛)50%

[アルコール度数]15.9度

[使用酵母]F7-01、901-A113

[価格]1,800(720mℓ)

[販売期間]限定(年1回)

[販売方法]一般流通、蔵元直売あり

TYPE

[香り]　☑ リンゴ系　☑ バナナ系　☐ その他

[味]　すっきり・・◆・・濃厚

[ガス感]　☐ あり　☑ なし

[推奨温度]　☑ 冷　(0 - 5 - [10] - 15 度)　☐ 常温　☐ 燗

渡舟

純米吟醸 槽搾り原酒

わたりぶね じゅんまいぎんじょう ふなしぼりげんしゅ

府中誉 ふちゅうほまれ

創業　1854年

住所　茨城県石岡市国府5-9-32

杜氏　中島勲　　問　☎0299-23-0233

幻の復活米で醸す濃厚な酒

720mℓ

　酒蔵・府中誉がある茨城県石岡市は古代より常陸国府がおかれ栄えてきた。酒米には山田錦の親にあたる「短稈渡船」。長い間絶滅していたこの米を蘇らせた労作が「渡舟」だ。「槽搾り 原酒」は酒の劣化を防ぐために上槽後すぐに無加水で瓶火入れ、そして急冷にて仕上げる。さわやかな果実香と個性的な旨みがふくらむ。短稈渡船ならではの香味と複雑でどこまでも深い余韻を残す。

DATA

[使用米]短稈渡船

[精米歩合](麹)50%／(掛)50%

[アルコール度数]16度

[使用酵母]自社酵母

[価格]2,250円(720mℓ)／4,500円(1.8ℓ)

[販売期間]通年

[販売方法]特約店

TYPE

[香り]　☑ リンゴ系　☐ バナナ系　☐ その他

[味]　すっきり・・・◆・濃厚

[ガス感]　☐ あり　☑ なし

[推奨温度]　☑ 冷　(0 - [5] - 10 - 15 度)　☐ 常温　☐ 燗

會津宮泉

純米吟醸 山田穂
あいづみやいずみ じゅんまいぎんじょう やまだほ

宮泉銘醸 みやいずみめいじょう
創業　1955年
住所　福島県会津若松市東栄町8-7
杜氏　宮森義弘　　問　☎0242-27-0031

720mℓ

酒米の頂点に君臨する山田錦を生んだ母米で醸す

鶴ケ城の近くに位置し、会津の盆地を特有の粘土質の層から湧き出るふくよかな水で酒造りを行う宮泉銘醸。「會津宮泉」は地元を中心に長年愛される人気ブランドだ。この「純米吟醸 山田穂」の酒米には山田錦の母親の品種で兵庫県産「山田穂」を使用。口に含むと甘い果実の香りが広がり、米の旨みは非常にまろやか。後味はすっきりとさわやかで風味のコントラストが鮮明だ。

DATA
[使用米]山田穂
[精米歩合](麹)50%／(掛)50%
[アルコール度数]16度
[使用酵母]うつくしま夢酵母(F7-01)
[価格]1,950円(720mℓ)／3,900円(1.8ℓ)
[販売期間]限定(8月)
[販売方法]特約店、蔵元直売あり

TYPE
[香り]　☐ リンゴ系　☑ バナナ系　☐ その他
[味]　すっきり・・◆・・濃厚
[ガス感]　☑ あり　☐ なし
[推奨温度]　☑ 冷　(⓿-⑤-⑩-⑮ 度)　☐ 常温　☐ 燗

AKABU

純米吟醸 結の香
アカブ じゅんまいぎんじょう ゆいのか

赤武酒造 あかぶしゅぞう
創業　1890年
住所　岩手県盛岡市北飯岡1-8-60
杜氏　古舘龍之介　　問　☎019-681-8895

720mℓ

岩手県最上級酒米結の香が生む、若手集団の美酒

情熱と愛情と根性で醸す酒「AKABU」は、少数精鋭の若者集団が岩手を代表する酒を目標に2014年に誕生。シルバーに入賞したこの日本酒は岩手県最高峰の酒米「結の香」と、岩手の新酵母「ジョバンニの調べ」を使用し、低温でゆっくり醸した地域愛あふれる1本。高品質の原料を大吟醸レベルの造りで醸したシリーズ中でも上位の酒で、上品な香りと豊かな米の旨みが堪能できる。

DATA
[使用米]結の香
[精米歩合](麹)50%／(掛)50%
[アルコール度数]16度
[使用酵母]ジョバンニの調べ
[価格]1,800円(720mℓ)／3,600円(1.8ℓ)
[販売期間]通年
[販売方法]特約店

TYPE
[香り]　☑ リンゴ系　☐ バナナ系　☐ その他
[味]　すっきり・・・◆・濃厚
[ガス感]　☐ あり　☑ なし
[推奨温度]　☑ 冷　(⓪-❺-⑩-⑮ 度)　☐ 常温　☐ 燗

伯楽星

純米吟醸 雄町
はくらくせい じゅんまいぎんじょう おまち

🏠 **新澤醸造店** にいざわじょうぞうてん
創業　1873年
住所　宮城県大崎市三本木字北町63
杜氏　新澤巖夫　　問　☎0229-52-3002

720mℓ

果物のような青く瑞々しい香りが余韻を残す甘美な酒

新澤醸造店は震災後に緑豊かな環境とおいしい水が豊富な土地に新しく蔵を移転。その蔵から年に一度だけ蔵出しされる酒がこの「伯楽星 純米吟醸 雄町」。栽培に手間が掛かることから生産量が減少し、幻の酒米とまで言われた「雄町」を自社酵母を使って醸している。フルーティーな香りとさわやかな酸、キレのよさが特徴。濃縮な旨みが秀逸で料理の名脇役として存在感を放つ。

[DATA]
[使用米]雄町
[精米歩合](麹)50%／(掛)50%
[アルコール度数]17度
[使用酵母]自社酵母
[価格]1,900円(720mℓ)／3,600円(1.8ℓ)
[販売期間]限定(年1回)
[販売方法]特約店

[TYPE]
[香り]　☐ リンゴ系　☑ バナナ系　☐ その他
[味]　すっきり・◆・・・濃厚
[ガス感]　☐ あり　☑ なし
[推奨温度]　☑ 冷　(0 - 5 - 10 - 15 度)　☐ 常温　☐ 燗

土佐しらぎく

涼み純米吟醸
とさしらぎく すずみじゅんまいぎんじょう

🏠 **仙頭酒造場** せんとうしゅぞうじょう
創業　1903年
住所　高知県安芸郡芸西村和食甲1551
杜氏　仙頭竜太　　問　☎0887-33-2611

720mℓ

透明感のある淡麗さと清涼な香りは夏酒の真骨頂

「日本酒の魅力を伝えたい」という熱い想いで酒造りに取り組む高知の仙頭酒造場。「涼み純米吟醸」には広島の酒造好適米「八反錦」を使用、その個性を生かすため地元で開発した「高知酵母」と、優しく伸びやかな四国山系伏流水で醸している。リンゴのような果実香と酸は清涼感あふれ、心も体もリフレッシュする。中国・四国地方の恵みを昇華させた酒は暑い季節におすすめ。

[DATA]
[使用米]八反錦
[精米歩合](麹)50%／(掛)50%
[アルコール度数]15度
[使用酵母]高知酵母
[価格]1,350円(720mℓ)／2,700円(1.8ℓ)
[販売期間]限定(5～8月)
[販売方法]特約店

[TYPE]
[香り]　☑ リンゴ系　☐ バナナ系　☐ その他
[味]　すっきり・◆・・・濃厚
[ガス感]　☐ あり　☑ なし
[推奨温度]　☑ 冷　(0 - 5 - 10 - 15 度)　☐ 常温　☐ 燗

SAKE COMPETITION 2017 / 純米吟醸 部門 / ● SILVER 受賞

SAKE COMPETITION has the world most number of entry and the competition only for Japanese sake.

会津娘
純米吟醸酒
あいづむすめ じゅんまいぎんじょうしゅ

髙橋庄作酒造店 たかはししょうさくしゅぞうてん
創業　1875年
住所　福島県会津若松市門田町大字一ノ堰村東755
杜氏　髙橋亘　　問　☎0242-27-0108

720mℓ

上品な果実香と甘みがしみる、故郷感じる会津の酒

　緑風が田園を吹き抜ける土地で、人も造り方も米も水も会津産を意味する「土産土法の酒造り」を哲学とする髙橋庄作酒造店。「会津娘」は山田錦の味わいを酒質に昇華させた逸品。華やかな吟醸香が高くバランスのとれた味に心がほどけ、優しい会津の風土を感じさせる。少し冷やすとさわやかなフルーツ香がさらに華やぐ。さっと引くキレの鋭さに磨き抜かれた伝統伎を感じる。

DATA
[使用米]山田錦
[精米歩合(麹)]50%／(掛)50%
[アルコール度数]16度
[使用酵母]9号系、10号系
[価格]2,700円(720mℓ)
[販売期間]限定(年1回)
[販売方法]特約店

TYPE
[香り]　☑リンゴ系　☑バナナ系
　　　　□その他
[味]　　すっきり・・◆・・・濃厚
[ガス感]　□あり　☑なし
[推奨温度]☑冷　（**0**-**5**-**10**-**15**度）
　　　　　□常温　□燗

宝剣
純米吟醸 酒未来
ほうけん じゅんまいぎんじょう さけみらい

宝剣酒造 ほうけんしゅぞう
創業　1872年
住所　広島県呉市仁方本町1-11-2
杜氏　土井鉄也　　問　☎0823-79-5080

1.8ℓ

酒米「酒未来」と「宝剣名水」が互いを高める比類なき酒

　瀬戸内海と野呂山に囲まれた小さな町にある蔵元・宝剣酒造。敷地内にある井戸には山を通って磨かれた名水「宝剣名水」がこんこんと湧き出ている。この水を使って造られているのが「純米吟醸 酒未来」だ。使用する酒米「酒未来」は山形県の蔵で開発された酒造好適米※1。瑞々しくて甘い香りがさわやかな果実のようだ。上品な味わいながらキレもあり、料理の味を邪魔しない。

DATA
[使用米]酒未来
[精米歩合(麹)]55%／(掛)55%
[アルコール度数]16度
[使用酵母]KA-1-25
[価格]／3,300円(1.8ℓ)
[販売期間]限定(年3回)
[販売方法]特約店

TYPE
[香り]　□リンゴ系　☑バナナ系
　　　　□その他
[味]　　すっきり・・◆・・濃厚
[ガス感]　□あり　☑なし
[推奨温度]☑冷　（**0**-**5**-**10**-**15**度）
　　　　　□常温　□燗

栄光冨士

純米吟醸 朝顔ラベル 生貯

えいこうふじ じゅんまいぎんじょう あさがおラベル なまちょ

冨士酒造 ふじしゅぞう

創業　1778年

住所　山形県鶴岡市大山3-32-48

杜氏　加藤宏大　　問　☎0235-33-3200

720mℓ

豊醸なメロン香と旨みが冴えわたる純米吟醸

緑のボトルに朝顔が描かれたレトロなラベルが目を惹く「朝顔ラベル」は江戸時代に創業以来230余年の歴史を持つ冨士酒造が醸す酒だ。酒米は「山田錦」と「美山錦」を使用し、酵母は酸が少なく香り高い10号系を使用。伝統の技に新技術も取り入れて造った渾身の酒は渋みや苦みを排除し、メロンのような芳香がある。飽きずに飲み続けられるためお寿司と合わせてもよい。

[DATA]

[使用米]（麹）山田錦／（掛）美山錦

[精米歩合]（麹）50%／（掛）50%

[アルコール度数]15.5度

[使用酵母]10号系

[価格]1,852円（720mℓ）／3,056円（1.8ℓ）

[販売期間]通年

[販売方法]一般流通、蔵元直売あり

[TYPE]

[香り]　☐ リンゴ系　☐ バナナ系　☑ その他（メロン系）

[味]　すっきり・◆・・・濃厚

[ガス感]　☐ あり　☑ なし

[推奨温度]　☑ 冷　（ **0** - 5 - 10 - 15 度 ）　☐ 常温　☐ 燗

山城屋

純米吟醸 一本〆

やましろや じゅんまいぎんじょう いっぽんじめ

越銘醸 こしめいじょう

創業　1845年

住所　新潟県長岡市栃尾大町2-8

杜氏　浅野宏文　　問　☎0258-52-3667

720mℓ

雪国の自然と伝統に磨かれた淡麗で芳醇味とベリー香

蔵の裏山に上杉謙信が初陣をかざった栃尾城がある造り酒屋・越銘醸。雪深い里、新潟県栃尾は1年のうち半年も雪に埋もれ、気温の高低差が少ないため酒造りにとっては好条件となる。雪の下を流れる清らかな伏流水は酒造りに最適で、淡麗辛口の潔いキレ味のもと。新潟県で開発された酒米「一本〆」を原料とし、さわやかな香りと特有のふくらみ、淡麗で芳醇な味を表現した。

[DATA]

[使用米]一本〆

[精米歩合]（麹）50%／（掛）50%

[アルコール度数]16度

[使用酵母]新潟酵母

[価格]1,450円（720mℓ）／2,900円（1.8ℓ）

[販売期間]限定（無くなり次第終了）

[販売方法]特約店

[TYPE]

[香り]　☐ リンゴ系　☐ バナナ系　☑ その他（ベリー系）

[味]　すっきり・・◆・・濃厚

[ガス感]　☐ あり　☑ なし

[推奨温度]　☑ 冷　（ 0 - 5 - **10** - 15 度 ）　☐ 常温　☐ 燗

※1 酒造好適米　酒造に適したお米の品質＝酒米。心白の発現する大粒種が酒米として好まれ、醸造用玄米として検査を受けている。

結ゆい

純米吟醸酒 やまだにしき

むすびゆい じゅんまいぎんじょうしゅ やまだにしき

結城酒造 ゆうきしゅぞう
創業　1727年
住所　茨城県結城市大字結城1589
杜氏　浦里美智子　　問　☎0296-33-3344

720mℓ

城下町・結城の有形文化財の蔵が届ける「縁を結ぶ酒」

古代より経済的にも開けていた茨城県の結城で江戸時代に創業した結城酒造が造る酒「結ゆい」。「酒で人と人を結びたい」との願いから、ラベルは糸の輪の中に「吉」を入れている。兵庫県産「山田錦」を50％まで精米し、関東平野を南北に流れる鬼怒川系のやわらかな伏流水で仕込む。酵母の特性を最大限に生かすべく低温でゆっくりと発酵。華やかで芯のしっかりしている酒だ。

DATA
[使用米]山田錦
[精米歩合](麹)50％／(掛)50％
[アルコール度数]16度
[使用酵母]M310
[価格]1,800円(720mℓ)／3,600円(1.8ℓ)
[販売期間]通年
[販売方法]特約店

TYPE
[香り]　☑ リンゴ系　☐ バナナ系　☐ その他
[味]　すっきり・◆・・・濃厚
[ガス感]　☐ あり　☑ なし
[推奨温度]　☑ 冷　(0 - 5 - 10 - 15 度)　☑ 常温　☐ 燗

鳩正宗

純米吟醸 華想い50

はとまさむね じゅんまいぎんじょう はなおもい50

鳩正宗 はとまさむね
創業　1899年　住所　青森県十和田市大字三本木字稲吉176-2
杜氏　佐藤企　　問　☎0176-23-0221

720mℓ

鳩が守る蔵から新酒米「華想い」を使った酒が誕生

明治期の創業以来、十和田市で唯一の蔵元として100年以上の歴史を持つ鳩正宗。一羽の白い鳩が蔵の神棚に住み着き、守り神としていたことに由来する。この「華想い50」は「山田錦」と「華吹雪」から開発された新品種「華想い」を使用。八甲田山系伏流水である奥入瀬川の岩盤に磨かれた水で仕込んでいる。フレッシュな吟醸香が瑞々しくキレのよい酸と旨みが調和する。

DATA
[使用米]華想い
[精米歩合](麹)50％／(掛)50％
[アルコール度数]15度
[使用酵母]まほろば吟
[価格]1,400円(720mℓ)／3,100円(1.8ℓ)
[販売期間]通年
[販売方法]特約店

TYPE
[香り]　☑ リンゴ系　☐ バナナ系　☐ その他
[味]　すっきり・・◆・・濃厚
[ガス感]　☐ あり　☑ なし
[推奨温度]　☑ 冷　(0 - 5 - 10 - 15 度)　☐ 常温　☑ 燗

寫樂

純米吟醸 播州山田錦

しゃらく じゅんまいぎんじょう ばんしゅうやまだにしき

[蔵] **宮泉銘醸** みやいずみめいじょう
創業　1955年
住所　福島県会津若松市東栄町8-7
杜氏　宮森義弘　　問 ☎0242-27-0031

720mℓ

全国的な人気蔵から夏の訪れを知らせる7月限定酒

宮泉銘醸は、近年多くのコンペティションで評価を集め、全国的な知名度を誇るスター酒蔵として有名だ。代表銘柄の1つ「寫樂」の中でも、7月だけの限定品「純米吟醸 播州山田錦」が堂々の入賞。兵庫県産「山田錦」を50％まで磨き、火入れ後すぐに冷蔵保存をして鮮度を保つ。落ち着いた吟醸香と優しい旨みが特徴で、口に含むと果実の含み香と酸がまろやかに広がる酒だ。

DATA

[使用米]山田錦
[精米歩合](麹)50%／(掛)50%
[アルコール度数]16度
[使用酵母]F7-01、1801号
[価格]1,950円(720mℓ)／3,900円(1.8ℓ)
[販売期間]限定(7月)
[販売方法]特約店

TYPE

[香り]　☐ リンゴ系　☑ バナナ系　☐ その他
[味]　すっきり・・◆・・濃厚
[ガス感]　☐ あり　☑ なし
[推奨温度]　☑ 冷　(⓿ - ⑤ - ⑩ - ⑮ 度)　☐ 常温　☐ 燗

会津中将

純米吟醸 夢の香

あいづちゅうじょう じゅんまいぎんじょう ゆめのかおり

[蔵] **鶴乃江酒造** つるのえしゅぞう
創業　1794年
住所　福島県会津若松市七日町2-46
杜氏　坂井義正　　問 ☎0242-27-0139

720mℓ

伝統と自然、地元愛が生んだ福島の夢がこの酒に昇華

鶴乃江酒造は創業200余年の老舗。社名は鶴ヶ城の鶴と猪苗代湖を表す江をちなんでつけたという。蔵を代表する本ブランド「会津中将」は地元福島の酒米「夢の香」と酵母「うつくしま夢酵母」で醸した地元愛を詰め込んだ酒だ。酒造りに向く寒冷な気候のもと、名杜氏と名高い坂井氏熟練の技で丁寧に醸す。旨みを感じながら後味のキレのよさも持っている美酒だ。

DATA

[使用米]夢の香
[精米歩合](麹)55%／(掛)55%
[アルコール度数]15度
[使用酵母]うつくしま夢酵母
[価格]1,400円(720mℓ)／2,800円(1.8ℓ)
[販売期間]通年
[販売方法]特約店、蔵元直売あり

TYPE

[香り]　☑ リンゴ系　☐ バナナ系　☐ その他
[味]　すっきり・・◆・・濃厚
[ガス感]　☐ あり　☑ なし
[推奨温度]　☑ 冷　(⓪ - ❺ - ❿ - ⓯ 度)　☐ 常温　☐ 燗

SAKE COMPETITION 2017　／　純米吟醸 部門　／　● SILVER 受賞

SAKE COMPETITION has the world
most number of entry and the competition
only for Japanese sake.

作
雅乃智
ざく みやびのとも

🏠 **清水清三郎商店** しみずせいざぶろうしょうてん
創業　1869年
住所　三重県鈴鹿市若松東3-9-33
杜氏　内山智広　問　☎059-385-0011

720mℓ

花のように雅な香りが、酒席に集う人を繋ぐ

　清水清三郎商店は明治初期創業。鈴鹿山系の清冽な伏流水と伊勢平野の良質な米に恵まれ、古来よりおいしい酒の産地「味酒鈴鹿国」の蔵として知られている。中でもこの「作 雅乃智」は伊勢の酒米と自社酵母を使用し伊勢杜氏の伝統の技を極めた職人が造る逸品。口の中で華やかな花の香りがあふれ、絹のようななめらかな味わい。後味はすっきりと洗練されている。

DATA

[使用米]国産米
[精米歩合](麹)50%／(掛)50%
[アルコール度数]15度
[使用酵母]自社酵母
[価格]1,600円(720mℓ)／3,200円(1.8ℓ)
[販売期間]通年
[販売方法]特約店

TYPE

[香り]　□ リンゴ系　□ バナナ系
　　　　☑ その他(花系)
[味]　　すっきり・・・◆・濃厚
[ガス感]　□ あり　☑ なし
[推奨温度]☑ 冷（**0** - **5** - 10 - 15 度 ）
　　　　　□ 常温　□ 燗

まんさくの花
純米吟醸一度火入れ原酒 MK-X
まんさくのはな じゅんまいぎんじょういちどひいれげんしゅ エムケーエックス

🏠 **日の丸醸造** ひのまるじょうぞう
創業　1689年　住所　秋田県横手市増田町
増田字七日町114-2
杜氏　高橋良治　問　☎0182-42-1335

720mℓ

老舗が威信をかけて挑んだ新酵母の隠し酒

　江戸時代に創業した秋田県の老舗酒造・日の丸醸造の代表銘柄。この「MK-X」は社長と杜氏が新たな「酵母X」との出会いに魂を刺激されて造ったものであり、同ブランドとはまったく異なる酒質。老舗酒蔵にとっては新しい味への挑戦作となった。バナナのような果物の香りがバランスよく軽快な酸が特徴。毎年4月に1800本限定で発売されるレアなアイテムだ。

DATA

[使用米](麹)山田錦／(掛)秋田酒こまち
[精米歩合](麹)50%／(掛)50%
[アルコール度数]16〜17度
[使用酵母]酵母X
[価格]1,620円(720mℓ)／3,148円(1.8ℓ)
[販売期間]限定(4月)
[販売方法]特約店

TYPE

[香り]　□ リンゴ系　☑ バナナ系
　　　　□ その他
[味]　　すっきり・◆・・・濃厚
[ガス感]　□ あり　☑ なし
[推奨温度]☑ 冷（**0** - 5 - 10 - **15** 度 ）
　　　　　☑ 常温　□ 燗

[審査員座談会②] **純米吟醸部門**

——2部門目は「純米吟醸部門」。エントリー数が518と、最も出品数の多い部門となりました。

**蔵によって違う!?
なんでもありの
超激戦区**
——

井上：「純米吟醸」ってラベルの書き方なんですよ。基準では精米歩合60%以下ですが、50%以下で「純米吟醸」と書く場合もある。うちは60%なので上位はなかなか厳しいかな。
浅野：うちも規定と同じ60%です。
新澤：僕のところは55%。
廣木：うちは50。
井上：蔵によってかなり違いますよね。

——そんな「純米吟醸部門」、見どころはどこでしょうか？

**偉大な先輩が
いるから、
若手もがんばれる**
——

新澤：小さい蔵が入りやすい部門という見方はできますよ。知名度が低い蔵はまずコスパのいいものでお客さんの評価を集める必要があるから、この部門に注力する。
井上：上位はどれも実力蔵ですよね。毎年おなじみの顔ぶれだと思います。
新澤：造り手からすると、十四代さんが出ているコンペティションはめったにない。偉大な先輩方とランキングで絡めるだけでうれしいです。
井上：それなら廣木さんだって、出品するメリ

SAKE COMPETITION 2017 ／ 純米吟醸 部門

SAKE COMPETITION has the world
most number of entry and the competition
only for Japanese sake.

ットないですよね？

新澤：上位入賞は当然で、抜かれたら評価が下がるだけですもんね。でも先輩たちが正々堂々エントリーしているから、僕らも逃げられない。

廣木：前にSAKE COMPETITIONの前身となるコンテストで優勝したのですが、その時は「1回で終われ」と思ってました（笑）。

—— 「純米吟醸部門」の入賞は、造り手にとってどのような価値があるのでしょうか？

**受賞を狙うか、
ポリシーを貫くか
どちらも尊敬すべき**
——

新澤：500以上の出品があるので、トップ10は本当に名誉なんですよ。1位と2位なんて、点数はほとんど同じですからね。

廣木：僅差であっても1位と2位で注目度が全然違う。この残酷さも僕は面白いと思うな。蔵の星回りというか、日本酒界の大きな流れが見えるように思えます。

浅野：流行はありますよね。高知のお酒は淡麗辛口ですが、今の時代は甘い方が強い。消費者から忘れ去られるお酒にならないためにはニーズを意識する必要があるけど、自分の味に戻れるようにしなければいけない……。

新澤：でも流行を見てから造り始めると1年分遅れが出てしまうんですよね。審査に合わせるのではなく、自分の造りを徹底して、「マッチングする時代がきてくれたらいいな」くらいの方がいいかもしれませんね。

廣木：順位を取ることは素晴らしい。けれど自分のスタイルを守り続ける蔵元のあり方も、また尊敬すべきだと思います。

純米大吟醸
部門

Junmai Daiginjo

精米歩合50%以下、米と水のみを原料とする
純米大吟醸。米を高度に磨くことで香りと透明感を
引き出した、市販酒の最高峰だ。

GOLD	10点
SILVER	32点
予選通過	158点

エントリー総数　414点

出品酒について
- ・特定名称酒「純米大吟醸」表示がされている清酒
- ・「山廃純米大吟醸酒」「生酛純米大吟醸酒」表示がされている清酒
- ・「大吟醸純米」など「純米大吟醸酒」と判断できる表示の清酒

RANK

1位

米由来の力強い味を堪能できる、静岡純米の最高峰

720mℓ

TYPE

[香り]
☐ リンゴ系　☐ バナナ系
☑ その他(メロン系、マスカット系)
[味]
すっきり・◆・・・濃厚
[ガス感]
☐ あり　☑ なし
[推奨温度]
☑ 冷
(⓪ - ⑤ - ⑩ - ⑮ 度)
☐ 常温　☐ 燗

DATA

[使用米]
山田錦
[精米歩合]
(麹)40%
(掛)40%
[アルコール度数]
16度
[使用酵母]
静岡酵母
[価格]
3,700円(720mℓ)
8,250円(1.8ℓ)
[販売期間]
通年
[販売方法]
一般流通、蔵元直売あり

開運

純米大吟醸

かいうん
じゅんまいだいぎんじょう

1 872（明治5）年に創業した土井酒造場が誇る「開運」は、吟醸王国静岡を代表する銘柄。静岡の蔵元のほとんどが使っている静岡酵母は「開運」が元祖である。

　この純米大吟醸は兵庫県特A地区の山田錦を40％まで自家精米し、低温でじっくりと醸している。米由来の力強い味わいは、まさに土井酒造場の生み出す純米酒の最高峰といっていいだろう。香りはマスクメロンのような軽やかさで、甘みが優しく広がる。表彰イベントでプレゼンターを務めたいとうせいこう氏も「すっきりしているだけでなく、酒らしい味わいがあり、深みがある」と絶賛。透明感のある酒質の中に、ゆらゆらと米の滋味を感じさせつつ、喉の奥にすっと消えていくかのような感触が、たまらなく贅沢だ。

⌂ **土井酒造場**

どいしゅぞうじょう

創業　1872年
住所　静岡県掛川市小貫633
杜氏　榛葉農
問　☎0537-74-2006

JUDGE'S C⦿MMENTS

心地よい酢酸イソアミルの香り、フレッシュなメロン・バナナの風味。キレ味もよし。

酢酸イソアミルの香り。さわやかで味わいはしっかり、重厚感もある。

メロンを感じさせるさわやかな香り。優しい甘みがふくらむ。

RANK

2位

720mℓ

ミネラル豊富な 鹿野山水系の井戸水を 用いたこだわりの逸品

TYPE

[香り]
☑ リンゴ系　☐ バナナ系
☐ その他
[味]
すっきり・◆・・・濃厚
[ガス感]
☐ あり　☑ なし
[推奨温度]
☑ 冷
(⓪ - ❺ - ❿ - ⓯ 度)
☐ 常温　☐ 燗

DATA

[使用米]
山田錦
[精米歩合]
(麹)40%
(掛)40%
[アルコール度数]
16度
[使用酵母]
1801号
[価格]
4,000円(720mℓ)
8,000円(1.8ℓ)
[販売期間]
限定
(年1回)
[販売方法]
特約店

東魁盛

純米大吟醸 斗瓶取り

とうかいざかり
じゅんまいだいぎんじょう とびんどり

千葉県富津市の小泉酒造は1793（寛政5）年創業。実に220年余の歴史を誇る酒蔵だ。蔵敷地内の井戸水を使用し、こだわりの銘酒を造り続けている。吟醸酒造りにおいて「我、東の国の魁として盛んとなる」という決意を込めて命名された「東魁盛」。第2位獲得は千葉県勢初の快挙である。斗瓶取りとは、発酵が終った後、通常は圧搾機にかける醪を酒袋という小袋に移しかえ、圧力をかけずに袋から自然に滴り落ちる雫を斗瓶に集める手法。この純米大吟醸は兵庫県産の山田錦を40％まで精米し、小泉酒造の技術のすべてを注ぎ込んで醸した逸品中の逸品。リンゴ系の華やかな香りながら軽快な飲み口が魅力。ポテンシャルを最大限に引き出すなら冷やして飲むのがおすすめだ。

⌂ 小泉酒造

こいずみしゅぞう

創業　1793年
住所　千葉県富津市
　　　上後423-1
杜氏　小泉文章
問　　☎0439-68-0100

JUDGE'S COMMENTS

カプロン酸エチルがほどよい。リンゴ系の香りでさわやかさもあり、飲みあきない。

香り高く、上品な甘みとなめらかな口当たりの純米大吟醸。

吟醸香にふくらみがある。味わいは軽快かつさわやか、上品にまとまっている。

SAKE COMPETITION has the world most number of entry and the competition only for Japanese sake.

RANK

3位

物語を奏でるように

様々な彩りを

楽しめる至高の酒

720ml

DATA

[使用米]
兵庫県西脇地区産山田錦
[精米歩合]
(麹)35%
(掛)35%
[アルコール度数]
16度
[使用酵母]
とちぎ酵母
[価格]
5,000円(720mℓ)
1万円(1.8ℓ)
[販売期間]
限定(年1回)
[販売方法]
特約店

TYPE

[香り]
□ リンゴ系　□ バナナ系
☑ その他(マスカット系)
[味]
すっきり・・◆・・濃厚
[ガス感]
□ あり　☑ なし
[推奨温度]
☑ 冷
(⓪ - ⑤ - ⑩ - ❺ 度)
☑ 常温　☑ 燗

鳳凰美田

別誂至高 純米大吟醸酒

ほうおうびでん
べっちょうしこう じゅんまいだいぎんじょうしゅ

渡良瀬川の支流・思川が近くに流れるほか、豊富な地下水を持つ小山市美田地区に建つ小林酒造は、新世代栃木地酒の牽引役として知られている。「蔵の歴史や水、蔵元自身が生まれ育った空気や風土などを感じ、理解し、表現する。その結果が日本酒の味わいとして出てくる」という考えのもと、とことん吟醸酒造りにこだわりを持ち、全国にその名を轟かす酒蔵だ。ここで醸される酒は、体になじむような優しい酒質。「鳳凰美田」は、マスカットを基調とした吟醸香と透明感のある味わいを目指した銘柄。その最高峰である純米大吟醸は、グラスに注ぎ、常温で温め、空気に触れることで、最初のひと口から物語を奏でるように、様々な彩りを楽しむことができる。まさに至高の酒だ。

⌂ 小林酒造

こばやししゅぞう

創業　1872年
住所　栃木県小山市
　　　卒島743-1
杜氏　小林正樹
問　☎0285-37-0005

JUDGE'S COMMENTS

圧倒的なカプロン酸エチルを感じる。キレイな酒質でくどさもなく、造り手のレベルの高さを感じる。

吟醸香高くインパクトあり。味わいは軽快でさわやか、大吟醸らしい上品さが特徴。

様々なフルーツの香りが口中に広がる。骨格のしっかりとした酒質。

RANK

4位

岩手県産の結の香を100%使用これが岩手の最上級

TYPE

[香り]
☑ リンゴ系　☐ バナナ系
☐ その他
[味]
すっきり・・◆・・濃厚
[ガス感]
☐ あり　☑ なし
[推奨温度]
☑ 冷
(⓪ - ⑤ - ⑩ - ⑮ 度)
☐ 常温　☐ 燗

720mℓ

DATA

[使用米]
結の香
[精米歩合]
(麹)40%
(掛)40%
[アルコール度数]
16〜17度
[使用酵母]
M310
[価格]
3,350円(720mℓ)
[販売期間]
通年
[販売方法]
一般流通、蔵元直売あり

南部美人

純米大吟醸 結の香
なんぶびじん じゅんまいだいぎんじょう ゆいのか

岩手県二戸市にある南部美人。日本三大杜氏の筆頭に数えられる南部杜氏の洗練された技術と伝統を現在に受け継ぎ、「酒造りは何年やっても、毎年が一年生」という言葉を胸に、酒造りに実直に取り組んでいる。

この「南部美人 純米大吟醸 結の香」は、平成14年の交配から約10年という時間をかけて岩手県で新たに開発・栽培された酒造好適米「結の香」を100％使用して醸されている。「結の香」は精米時や醸造時に砕けにくく、雑味成分となるタンパク含量も少ない。そのため、酒米の代表格・山田錦にも引けをとらない実に上品で優雅な味わいが堪能できるのだ。「これが岩手の最上級、そう呼ばれることを目指しました」と自負するだけのことがある素晴らしい仕上がりである。

⌂ 南部美人
なんぶびじん
—

創業　1902年
住所　岩手県二戸市
　　　福岡字上町13
杜氏　松森淳次
問　　☎0195-23-3133

JUDGE'S COMMENTS

吟醸香カプロン酸エチル（青リンゴ）系の香り。さわやかで味は丸い。熟成感もあり。

飲み口は軽快で味もよい。バランスが取れている。

芳醇で濃密な香味。ほどよい酸がある。

RANK

5位

ほどよい甘みと旨み、適度な酸が次の1杯へと誘う

TYPE

[香り]
☑ リンゴ系　☐ バナナ系
☐ その他
[味]
すっきり・・・◆・濃厚
[ガス感]
☐ あり　☑ なし
[推奨温度]
☑ 冷
([0] - [5] - [10] - [15] 度)
☐ 常温　☐ 燗

720mℓ

DATA

[使用米]
山田錦
[精米歩合]
(麹)40%
(掛)40%
[アルコール度数]
16度
[使用酵母]
自社酵母
[価格]
2,775円(720mℓ)
5,550円(1.8ℓ)
[販売期間]
通年
[販売方法]
一般流通、蔵元直売あり

比良松

純米大吟醸 40 挑む

ひらまつ
じゅんまいだいぎんじょう 40 いどむ

江戸時代後期に筑前国・比良松村（現在の福岡県朝倉市）で創業した篠崎は、「麹を使った商品で社会貢献する」ことを社是とする老舗蔵。お膝元の地名を冠した「比良松」は純米系にこだわったブランドだ。「酒造りは地域に根差したもの」をコンセプトに掲げ、地元の特約農家が手掛けた山田錦を地元の地下水で仕込み、地元の蔵人が醸している。また時代とともに変化するニーズに応えつつ、伝統を守り日々新たな酒の設計を行ってきた。頂点に「挑む」ために造られた本作品は華やかな香りが鼻腔をスッと抜け、ほどよい甘みと旨みが口の中を刺激し、適度な酸が次の1杯へと誘う。篠崎は2017年7月の豪雨で甚大な被害を受けた。現在、来季のテーマを「それでも、地産。」に掲げ、復興に努めている。

⌂ 篠崎
しのざき

創業　文化文政期
住所　福岡県朝倉市
　　　比良松185
杜氏　山村智昭
問　　☎0946-52-0005

JUDGE'S C●MMENTS

ソフトでとろみがある。やわらかい酒質が特徴。

吟醸香が高くインパクトあり。味わいしっかりとしていて、旨みも十分。

香り高く、しっかりとした味わいの純米大吟醸。

SAKE COMPETITION 2017 　／　純米大吟醸 部門　／　● GOLD 受賞

SAKE COMPETITION has the world
most number of entry and the competition
only for Japanese sake.

RANK

6位

鑑評会出品酒

だから表現できる

美しい甘みの調和

TYPE

[香り]
☑ リンゴ系　□ バナナ系
□ その他
[味]
すっきり ・・◆・・ 濃厚
[ガス感]
□ あり　☑ なし
[推奨温度]
☑ 冷
（ ⓪ - ⑤ - ⑩ - ❶❺ 度 ）
□ 常温　□ 燗

720mℓ

DATA

[使用米]
山田錦
[精米歩合]
（麹）35％
（掛）35％
[アルコール度数]
16度
[使用酵母]
M310
[価格]
5,000円（720mℓ）
[販売期間]
通年
[販売方法]
一般流通、蔵元直売あり

名倉山

純米大吟醸 鑑評会出品酒

なぐらやま じゅんまいだいぎんじょう かんぴょうかいしゅっぴんしゅ

全 国で高い評価を受けている会津若松の名倉山酒造は、1918（大正7）年に創業。徹底的に酒質にこだわり、革新的な酒造りに取り組んでいる。名倉山ブランドが目指すのは、「本物の旨み＝きれいな甘さ」。口に含んだ際に香りと米の甘みが旨みに変わり、ふわっと広がり、のどごしがいい酒。そんな究極の日本酒を造り上げるには、委託農家と一緒に酒造りに適した美味しい米を育てることから始まる。その米を旨い酒にするため、すべての工程に妥協を許さず、理想を追い求めた。結果、天然の酸と甘みのバランスがとれ、香り高く飲み飽きない至高の酒が完成。純米大吟醸は鑑評会出品に向けて最高の原料、技、条件で造られたもので、五味（甘み・酸・辛み・苦み・渋み）の調和が実に見事だ。

名倉山酒造

なぐらやましゅぞう

創業	1918年
住所	福島県会津若松市千石町2-46
杜氏	中島伸一郎
問	☎0242-22-0844

JUDGE'S COMMENTS

口当たりはソフト。やや重厚感のある味わいでまとまりがある。

香味のバランスが良好。キレイな甘みがあり、軽快にまとまる。

フルーティーで味に幅がある。

SAKE COMPETITION 2017 ／ 純米大吟醸 部門 ／ ● GOLD 受賞

SAKE COMPETITION has the world
most number of entry and the competition
only for Japanese sake.

RANK

7位

華やかさだけでなく、

米の旨みを生かした

渾身の1本

720mℓ

DATA

[使用米]
山田錦
[精米歩合]
(麹)40%
(掛)40%
[アルコール度数]
16度
[使用酵母]
1901号
[価格]
3,500円(720mℓ)
7,000円(1.8ℓ)
[販売期間]
通年
[販売方法]
一般流通、蔵元直売あり

TYPE

[香り]
☑ リンゴ系 　□ バナナ系
□ その他
[味]
すっきり・・・◆・濃厚
[ガス感]
□ あり 　☑ なし
[推奨温度]
☑ 冷
(⓪ - 5 - ❿ - ⓯ 度)
□ 常温 　□ 燗

菊

純米大吟醸

きく
じゅんまいだいぎんじょう

宇都宮の市街地にある虎屋本店は、創業が1788（天明8）年という老舗酒蔵。「季節の食やともに語らう仲間と楽しみながら、飲み手に寄り添える日本酒」をテーマに、年度によって状態の違う酒米に合わせて最もいい味を引き出すよう努力しているという。「純米大吟醸にありがちな、香りが華やかな"だけ"の酒質は面白くない！」と、チャレンジ精神旺盛に造られた本作は、鑑評会用として厳寒期に超低温で発酵させた。兵庫県産の山田錦を精米歩合40％まで高精白し、箱麹を使用。おかげで米の旨みがしっかりと生きているのがうれしい。なお市販酒に関しても出品酒と同様の瓶燗原酒が提供されている。「Challenge & Change」精神で、酒米の特徴を最大限に生かした、多様な日本酒造りを常に意識している。

⌂ 虎屋本店

とらやほんてん

創業　1788年
住所　栃木県宇都宮市
　　　本町4-12
杜氏　天満屋徳
問　☎028-622-8223

イソアミル香、複雑な果実香がよし。関東の酒のレベルアップを感じる味。

香味のバランスがとてもよい。クリーンで丸い印象。

吟醸香にふくらみあり。やや酸を感じるも味わいは軽快でさわやか。まとまりもあり。

RANK

8位

香り高く、

気品あふれる余韻と

軽やかな味わい

TYPE

[香り]
☑ リンゴ系　□ バナナ系
□ その他
[味]
すっきり・◆・・・濃厚
[ガス感]
□ あり　☑ なし
[推奨温度]
☑ 冷
（ ⓪ - ❺ - ❿ - ⓯ 度 ）
□ 常温　□ 燗

DATA

[使用米]
山田錦
[精米歩合]
（麹）35%
（掛）35%
[アルコール度数]
15.5度
[使用酵母]
M310
[価格]
8,000円（720mℓ）
[販売期間]
限定（年1回）
[販売方法]
一般流通、蔵元直売あり

純米大吟醸
玄宰
（げんさい）
日本酒
末廣酒造株式会社
福島県会津若松市日新町一二-二八

GENSAI
PURE SAKE
JYUNMAI DAIGINJYO
SUEHIRO SYUZO

720mℓ

末廣

純米大吟醸 玄宰

すえひろ
じゅんまいだいぎんじょう げんさい

津の水、会津の米、会津の人々 **会** で造りあげる正真正銘の地酒にこだわる1850年創業の末廣酒造。甘みと酸が一体となり、その余韻は気品をも感じさせる「玄宰」ブランドの中でも最高峰に位置するのがこの「純米大吟醸 玄宰」である。ブランド名の由来は、「寛政の改革」を実行したひとり、会津藩の家老・田中玄宰から。農民や町民らに酒造を始めとしたさまざまな人材を多数養成し、会津の地場産業の基礎を築いた偉人への感謝の念が込められている。

この純米大吟醸は、低温による発酵と上槽後速やかな瓶詰め・低温貯蔵することにより、香り高く、すっきりとした味わい深い酒質となっている。魅力を引き出すには5〜10度程度に冷やして飲むのがベストだ。

末廣酒造
すえひろしゅぞう

創業　1850年
住所　福島県大沼郡
　　　会津美里町宮里81
杜氏　津佐幸明
問　☎0242-54-7788

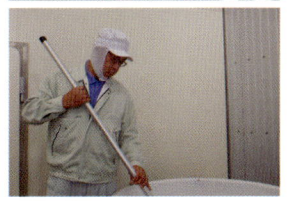

JUDGE'S COMMENTS

甘い味わいと圧倒的な吟醸香。トップクラスにふさわしい。

カプロン酸エチル（青リンゴ）系の香りがさわやか。味は丸く熟成感あり、上品な味わい。

軽快な味わい。キレイさはこの部門でNO.1。

RANK

9位

山田錦45%精米、瓶貯蔵低温熟成した珠玉の作品

日本酒
純米大吟醸
MANSAKUNO HANA
JUNMAIDAIGINJO
山田錦45
720ml詰

720mℓ

[TYPE]

[香り]
☑ リンゴ系　☐ バナナ系
☐ その他
[味]
すっきり・◆・・・濃厚
[ガス感]
☐ あり　☑ なし
[推奨温度]
☑ 冷
(⓿ - ❺ - ❿ - ⓯ 度)
☑ 常温　☐ 燗

[DATA]

[使用米]
山田錦
[精米歩合]
(麹)45%
(掛)45%
[アルコール度数]
16度
[使用酵母]
自社酵母
[価格]
3,000円(720mℓ)
[販売期間]
通年
[販売方法]
特約店、蔵元直売あり

まんさくの花

純米大吟醸 山田綿45

まんさくのはな
じゅんまいだいぎんじょう やまだにしき45

※1 瓶貯蔵 通常タンクで貯蔵する日本酒を瓶詰めした状態で貯蔵する方法。

創業は300年以上前の1689（元禄2）年。日の丸醸造はまさに伝統の酒蔵だ。1年の大半が雪のカーテンに包まれる自然環境下、奥羽山脈栗駒山系の良水を4基の井戸を駆使して汲み上げている。その中軟水こそが、キレイで優しい酒質の源なのだ。

代表的銘柄である「まんさくの花」は、昭和56年に横手市を舞台にした同名のドラマ（NHK連続テレビ小説）が放映されたのを機に誕生。日の丸醸造にとって初めてのゴールド受賞となった本作は、山田錦を45％まで磨き上げ、瓶貯蔵※1にて低温熟成させた純米大吟醸だ。0度から常温まで幅広い温度帯での飲用を推奨しており、ふくよかな芳香と山田錦の上品な甘みを楽しむことができる。飲む者の心をほっとさせてくれる1本だ。

⌂ 日の丸醸造

ひのまるじょうぞう

創業　1689年
住所　秋田県横手市
　　　増田町増田字七日町114-2
杜氏　高橋良治
問　　☎0182-42-1335

JUDGE'S C⦿MMENTS

気品ある吟醸香。すいすい飲める純米大吟醸酒だ。

「香り」「味」ともに良好で申し分ない酒質。

フルボディでジューシーな味わい。旨みが押し寄せてくる。

RANK

10位

芳醇な香りと濃密な

味わいがバランスよく

表現された格調高い逸品

TYPE

[香り]
☑ リンゴ系　□ バナナ系
□ その他
[味]
すっきり・・◆・・濃厚
[ガス感]
□ あり　☑ なし
[推奨温度]
☑ 冷
（ ❶ - ❺ - ❿ - ⓯ 度 ）
□ 常温　□ 燗

720mℓ

DATA

[使用米]
山田錦
[精米歩合]
（麹）35%
（掛）35%
[アルコール度数]
16〜17度
[使用酵母]
M310
[価格]
5,000円（720mℓ）
1万円（1.8ℓ）
[販売期間]
通年
[販売方法]
一般流通、蔵元直売あり

南部美人

純米大吟醸

なんぶびじん じゅんまいだいぎんじょう

　　界21カ国に輸出しているブランド「南部美人」の中でも、この純米大吟醸は最高峰に位置する。ドバイの最高級5ツ星ホテルに採用されているほか、2007年12月から2008年2月までJAL国際線ファーストクラスの機内酒として採用された実績を持っているのだ。南部美人の五代目蔵元・久慈浩介氏は頻繁に海外へ足を運び、日本酒の普及活動を行っている。普段はあまり日本酒に興味を示さない海外のソムリエたちに「南部美人 純米大吟醸」を飲んでもらうと、「これが日本酒か？」と驚愕されることも。文字通り世界最高クラスの1本だ。

　ひと口飲めば甘く華やかな香りが広がる、極上の質感と味わい深さはまさにプレミアム。ぜひとも特別な日に飲んでいただきたい。

⌂ 南部美人

なんぶびじん

創業	1902年
住所	岩手県二戸市福岡字上町13
杜氏	松森淳次
問	☎0195-23-3133

JUDGE'S COMMENTS

厚みを感じる吟醸香。この蔵の一段の飛躍を感じた逸品だ。

パッションフルーツの華やかな香り。甘みもほどよい。

吟醸香カプロン酸エチル系の香りが良好。甘みと酸がまとまり、味は丸い。やや熟成感もあり。

SAKE COMPETITION 2017 ／ 純米大吟醸 部門 ／ ● SILVER 受賞

SAKE COMPETITION has the world
most number of entry and the competition
only for Japanese sake.

水芭蕉
純米大吟醸 プレミアム
みずばしょう じゅんまいだいぎんじょう プレミアム

🏠 **永井酒造** ながいしゅぞう
創業　1886年
住所　群馬県利根郡川場村大字門前713
杜氏　後藤賢司　　問 ☎0278-52-2311

720mℓ

最高スペックで醸したエレガントな味わい

　尾瀬の大地に包み込まれるかのように濾過された地下水を仕込みとして使用している永井酒造が、究極の純米大吟醸を目指して醸した逸品。明治19年の創業から現在まで伝承されてきた技と水と米のハーモニーが楽しめる。その華やかな香りはライチやパッションフルーツを思わせ、ひと口含めばふっくらとエレガントな味わいが広がり、すっきりとキレが感じられる。

DATA

[使用米]山田錦
[精米歩合](麹)35%／(掛)35%
[アルコール度数]16度
[使用酵母]群馬KAZE酵母
[価格]6,000円(720mℓ)／1万2,000円
(1.8ℓ)
[販売期間]通年
[販売方法]特約店

TYPE

[香り]　☑ リンゴ系　☐ バナナ系
　　　　☐ その他
[味]　　すっきり・◆・・・濃厚
[ガス感]　☐ あり　☑ なし
[推奨温度]☑ 冷 (❶ - ❺ - ❿ - ⓯ 度)
　　　　　☐ 常温　☐ 燗

勝山
「伝」純米大吟醸
かつやま でん じゅんまいだいぎんじょう

🏠 **仙台伊澤家 勝山酒造**
せんだいいさわけ　かつやましゅぞう
創業　1688年
住所　宮城県仙台市泉区福岡字二又25-1
杜氏　後藤光昭　　問 ☎022-348-2611

720mℓ

あらゆる面で完成度の高い、バランスの取れた1本

　1688（元禄元）年創業、伊達家御用蔵も務めた暖簾と伝統を今に伝える、洗練された伊達の武将のような酒。男性的な印象の「伝」は兵庫県特A地区兵庫みらい農協の山田錦と宮城吟醸酵母を土台とした、純米系だけの酒造りに特化した勝山らしくバランスの取れた酒。押し味があり、コシは強め。キレイな酒質の中にしっかりとした旨みを醸し出している。

DATA

[使用米]山田錦
[精米歩合](麹)35%／(掛)35%
[アルコール度数]16度
[使用酵母]宮城酵母
[価格]1,350円(180mℓ)／5,000円
(720mℓ)／1万円(1.8ℓ)
[販売期間]通年
[販売方法]特約店、蔵元直売あり

TYPE

[香り]　☑ リンゴ系　☐ バナナ系
　　　　☐ その他
[味]　　すっきり・・◆・・濃厚
[ガス感]　☐ あり　☑ なし
[推奨温度]☑ 冷 (❶ - ❺ - ❿ - ⓯ 度)
　　　　　☐ 常温　☐ 燗

一白水成

純米大吟醸

いっぱくすいせい じゅんまいだいぎんじょう

福禄寿酒造 ふくろくじゅしゅぞう

創業　1688年

住所　秋田県南秋田郡五城目町字下夕町48

杜氏　一関仁　　問　☎018-852-4130

720mℓ

飲むほどに秋田の風を感じる

地元農家とともに米栽培から酒造りまで共有し、「秋田テロワール」を目指している福禄寿酒造。「一白水成」とは「白い米と水から成る、一番旨い酒」を意味する。その「一白水成」の最高峰である本作も、秋田県産の美郷錦と秋田県産の酵母で勝負。精米から洗米、麹の製造方法までを事細かく管理して上品に仕上げており、香りと味のバランスを重視した抜群の完成度に唸らされる。

DATA

[使用米]美郷錦
[精米歩合]（麹）35%／（掛）35%
[アルコール度数]16度
[使用酵母]県産酵母
[価格]3,240円（720mℓ）
[販売期間]限定（年1回）
[販売方法]特約店

TYPE

[香り]	☑ リンゴ系　☐ バナナ系　☐ その他
[味]	すっきり・・・◆・濃厚
[ガス感]	☐ あり　☑ なし
[推奨温度]	☑ 冷（⓪-⑤-⑩-⑮ 度）　☐ 常温　☐ 燗

やまとしずく

純米大吟醸

やまとしずく じゅんまいだいぎんじょう

秋田清酒 あきたせいしゅ

創業　1865年

住所　秋田県大仙市戸地谷字天ヶ沢83-1

杜氏　佐渡高智　　問　☎0187-63-1224

720mℓ

一点の曇りもない華やかでキメ細かな旨み

秋田清酒が県内の有志酒販店と立ち上げたブランド「やまとしずく」。米も水も特定地域のものだけを使用し、地域性と個性のハッキリした酒を造るのがコンセプトだ。本作も酒蔵周辺地域で契約栽培した酒造好適米「秋田酒こまち」と、蔵を抱く山々に源を発する清冽でやわらかな仕込水から生まれた。小規模で丁寧な低温発酵により、きめ細かく華やかな香味が醸し出されている。

DATA

[使用米]秋田酒こまち
[精米歩合]（麹）40%／（掛）40%
[アルコール度数]16度
[使用酵母]M310
[価格]2,580円（720mℓ）／6,000円（1.8ℓ）
[販売期間]通年
[販売方法]特約店

TYPE

[香り]	☑ リンゴ系　☐ バナナ系　☐ その他
[味]	すっきり・・・◆・濃厚
[ガス感]	☐ あり　☑ なし
[推奨温度]	☑ 冷（⓪-⑤-⑩-⑮ 度）　☐ 常温　☐ 燗

渡舟
純米大吟醸
わたりぶね じゅんまいだいぎんじょう

🏠 **府中誉** ふちゅうほまれ
創業　1854年
住所　茨城県石岡市国府5-9-32
杜氏　中島勲　問　☎0299-23-0233

幻の酒米で造る唯一無二の芳醇な味わい

720mℓ

　かつて茨城県でも栽培されていた酒米「短稈渡船」。時を経て絶滅品種となったが、地元つくばにある農林水産省の生物資源研究所で冷凍保存していることがわかった。平成元年、府中誉はこの幻の酒米の復活栽培に成功、その酒米で仕込んだ吟醸酒「渡舟」は主力銘柄となった。35％精米の純米大吟醸は青リンゴを想わせるさわやかな香りと、ふくよかでなめらかな旨みが絶品だ。

DATA
[使用米]短稈渡船
[精米歩合](麹)35%／(掛)35%
[アルコール度数]16度
[使用酵母]M310
[価格]4,860円(720mℓ)／9,710円(1.8ℓ)
[販売期間]通年
[販売方法]特約店

TYPE
[香り]　☑リンゴ系　□バナナ系
　　　　□その他
[味]　　すっきり・・・◆・濃厚
[ガス感]　□あり　☑なし
[推奨温度]☑冷（**0**-**5**-10-15度）
　　　　　□常温　□燗

十四代
七垂二十貫
じゅうよんだい しちたれにじっかん

🏠 **高木酒造** たかぎしゅぞう
創業　1615年
住所　山形県村山市富並1826
杜氏　高木顕統　問　☎0237-57-2131

秘伝の技で生まれた芸術的な極上諸白酒

720mℓ

　創業は1615（元和元）年と、400年以上の歴史を持つ山形県村山市の高木酒造。「十四代」ブランドの中でも最上級の「七垂二十貫」は高木酒造に代々伝承されてきた純米大吟醸。あげふね※1時の垂れ歩合、粕歩合を尺貫法にて表したもので「20貫の米から7垂しか取れない酒」という意味を持つ。兵庫県特A地区・吉川町産の愛山の力を存分に引き出した芸術的な極上の諸白酒だ。

DATA
[使用米]愛山
[精米歩合](麹)40%／(掛)40%
[アルコール度数]16度
[使用酵母]山形酵母
[価格]5,292円(720mℓ)／1万800円
（1.8ℓ)
[販売期間]限定(年2回)
[販売方法]特約店

TYPE
[香り]　□リンゴ系　☑バナナ系
　　　　□その他
[味]　　すっきり・・◆・濃厚
[ガス感]　□あり　☑なし
[推奨温度]☑冷（**0**-**5**-10-15度）
　　　　　□常温　□燗

十四代

龍月

じゅうよんだい りゅうげつ

⌂ **高木酒造** たかぎしゅぞう

創業　1615年

住所　山形県村山市富並1826

杜氏　高木顕統　　問　☎0237-57-2131

1.8ℓ

瑞々しくも繊細な味わいが極上のひと時をもたらす

高木酒造が誇る「十四代」ブランドでも最高峰に位置するのが、この「龍月」。兵庫県特A地区吉川町産の山田錦を35%まで磨き上げ、低温でじっくりと発酵、少しずつ丁寧に搾ったお酒を斗瓶※2に入れ、氷温で熟成させた、まさにプレミアムな純米大吟醸。華やかな上立ち香と、なめらかな口当たり、そして瑞々しくも繊細な味わいは、まさに極上のひとときをもたらしてくれる。

DATA

[使用米]山田錦
[精米歩合](麹)35%／(掛)35%
[アルコール度数]16度
[使用酵母]山形酵母
[価格]1万2,312円(1.8ℓ)
[販売期間]限定(年1回)
[販売方法]特約店

TYPE

[香り]	☑ リンゴ系　☐ バナナ系　☐ その他
[味]	すっきり・・◆・・濃厚
[ガス感]	☐ あり　☑ なし
[推奨温度]	☑ 冷 (⓪ - ❺ - ⑩ - ⑮ 度)　☐ 常温　☐ 燗

作

槐山一滴水 愛山

さく かいざんいってきすい あいやま

⌂ **清水清三郎商店** しみずせいざぶろうしょうてん

創業　1869年

住所　三重県鈴鹿市若松東3-9-33

杜氏　内山智広　　問　☎059-385-0011

1.8ℓ

気高く上品な味わい、心地よい余韻の妙

鈴鹿市の清水清三郎商店は1869（明治2）年創業。港が近いため、かつては多くの醸造業が繁栄していたが、現在では鈴鹿市で唯一の酒蔵となった。「一滴水」とは、山川草木すべての存在は互いが時節因縁のもと世界や森羅万象を具現し、一滴の水にも仏の命が宿るという意味。甘やかな香りとやわらかな味、心地よい余韻が楽しめる極上酒。よく冷やしてワイングラスで堪能したい。

DATA

[使用米]愛山
[精米歩合](麹)45%／(掛)45%
[アルコール度数]16度
[使用酵母]自社酵母
[価格]6,000円(1.8ℓ)
[販売期間]通年
[販売方法]特約店

TYPE

[香り]	☐ リンゴ系　☐ バナナ系　☑ その他(花系)
[味]	すっきり・◆・・・濃厚
[ガス感]	☐ あり　☑ なし
[推奨温度]	☑ 冷 (⓪ - ❺ - ⑩ - ⑮ 度)　☐ 常温　☐ 燗

※1 あげふね　醪を酒袋に詰めて槽の中に並べて搾る工程を指す。
※2 斗瓶　一斗（18ℓ）入るガラスの瓶。搾りの工程で斗瓶に貯め保管する方法を「斗瓶取り」といい、高級酒などに用いられる。現在は国内生産は少なく、ワイン用の20ℓのガラス瓶が使われる事が多い。

司牡丹
デラックス豊麗
つかさぼたん デラックスほうれい

司牡丹酒造 つかさぼたんしゅぞう
創業 1603年
住所 高知県高岡郡佐川町甲1299
杜氏 浅野徹 問 ☎0889-22-1211

900mℓ

昭和ロマンあふれる高知の逸品

まだ吟醸酒という言葉がなかった昭和37年に、品質を世に問うべくして誕生。創業400年余の司牡丹酒造が守り抜いた技と伝統が詰まった1本だ。果実のような華やかさとナチュラルな穏やかさを併せ持つ格調高い吟醸酒。淡麗の中にも様々な味が潜み、絶妙に調和し、まろやかに口の中で広がっていく。発売以来不変のデザインを貫くボトルも、昭和ロマンあふれていて美しい。

DATA
[使用米]山田錦
[精米歩合](麹)40%／(掛)40%
[アルコール度数]16～17度
[使用酵母]高知酵母、熊本酵母
[価格]5,000円(900mℓ)
[販売期間]通年
[販売方法]一般流通、蔵元直売あり

TYPE
[香り] ☐ リンゴ系 ☐ バナナ系 ☑ その他(リンゴ・バナナ混合系)
[味] すっきり・◆・・・濃厚
[ガス感] ☐ あり ☑ なし
[推奨温度] ☑ 冷 (0 - 5 - 10 - 15 度) ☐ 常温 ☐ 燗

美丈夫
純米大吟醸 華
びじょうふ じゅんまいだいぎんじょう はな

濵川商店 はまかわしょうてん
創業 1904年
住所 高知県安芸郡田野町2150
杜氏 小原昭 問 ☎0887-38-2004

720mℓ

最高の米から生まれた美しく、強く、優しい味

美しく強く優しい土佐の酒を目指す濵川商店が誇るプレミアムな1本。兵庫県産特A地区・東条町の特等米を精米歩合40%まで研ぎ、上槽後は生で瓶詰め、マイナス1度で氷温貯蔵して頃合いを見て瓶燗。さらに氷温熟成させ、適時出荷している。派手すぎない綺麗な上立ち香、柑橘系の酸とふくらみ、後切れのよさ、目鼻立ちのしっかりとした純米大吟醸だ。

DATA
[使用米]山田錦
[精米歩合](麹)40%／(掛)40%
[アルコール度数]16度
[使用酵母]高知酵母(CEL-66)
[価格]3,500円(720mℓ)／7,000円(1.8ℓ)
[販売期間]限定(数量)
[販売方法]特約店

TYPE
[香り] ☑ リンゴ系 ☐ バナナ系 ☐ その他
[味] すっきり・◆・・・濃厚
[ガス感] ☐ あり ☑ なし
[推奨温度] ☑ 冷 (0 - 5 - 10 - 15 度) ☑ 常温 ☐ 燗

楯野川

純米大吟醸 上流

たてのかわ じゅんまいだいぎんじょう じょうりゅう

楯の川酒造 たてのかわしゅぞう
創業　1832年
住所　山形県酒田市山楯字清水田27
杜氏　佐藤淳平　　問　☎0234-52-2323

1.8ℓ

完熟果実のような香りと和菓子のごとき上品な旨み

山形県酒田市に居を構える老舗・楯の川酒造が誇る「楯野川」流シリーズにおいて、上級のスペックとその品質の高さを誇るお酒として「上流」と命名された1本。山田錦の中心部40％で仕込み、香味の安定した中取りの部分だけを瓶詰め。完熟した果実のような香りと、上質の和菓子のような旨みを感じさせる余韻のキレイな酒だ。ワイングラスで温度の変化を楽しみつつ飲んでほしい。

DATA

[使用米]山田錦
[精米歩合](麹)40%／(掛)40%
[アルコール度数]15～16度
[使用酵母]山形KA、1801号
[価格]3,000円(720mℓ)／6,000円(1.8ℓ)
[販売期間]通年
[販売方法]一般流通、蔵元直売あり

TYPE

[香り]　☑ リンゴ系　☐ バナナ系　☐ その他
[味]　すっきり・・◆・・濃厚
[ガス感]　☐ あり　☑ なし
[推奨温度]　☑ 冷 （[0] - **[5]** - **[10]** - [15] 度）　☐ 常温　☐ 燗

十四代

超特選

じゅうよんだい ちょうとくせん

高木酒造 たかぎしゅぞう
創業　1615年
住所　山形県村山市富並1826
杜氏　高木顕統　　問　☎0237-57-2131

720mℓ

どこまでもクリアな甘旨ニュアンスが流れ込む

兵庫県特A地区産の山田錦特米を35％まで磨き上げ、大吟醸仕込みの中でも特に発酵が旺盛な醪を選抜・純米醸造、独自の殺菌技術により貯蔵熟成させたスペシャルな酒。フルーティーな上立ち香が素晴らしく、ひとたび口に含めば、どこまでもクリアで贅沢な甘旨みが、なめらかな喉越しでスーッと流れ込んでくる。超特選の名にふさわしく、上品な余韻に酔えること請け合いだ。

DATA

[使用米]山田錦
[精米歩合](麹)35%／(掛)35%
[アルコール度数]16度
[使用酵母]山形酵母
[価格]5,292円(720mℓ)／1万800円(1.8ℓ)
[販売期間]限定(年2回)
[販売方法]特約店

TYPE

[香り]　☑ リンゴ系　☐ バナナ系　☐ その他
[味]　すっきり・・◆・・濃厚
[ガス感]　☐ あり　☑ なし
[推奨温度]　☑ 冷 （[0] - **[5]** - [10] - [15] 度）　☐ 常温　☐ 燗

会津
純米大吟醸
あいづ じゅんまいだいぎんじょう

🏠 **会津酒造** あいづしゅぞう
創業　1688年頃
住所　福島県南会津郡会津町永田603
杜氏　渡部景大　　問　☎0241-62-0012

720mℓ

超軟水が生み出す軽やかさ

　福島県の南西部で1688年頃に創業した老舗の会津酒造。江戸時代からの趣のある蔵で、伝統を守りつつ最新の醸造技術を取り入れている。仕込み水には超軟水の井戸水を使用し、真冬には-20度になる気候を生かした酒造りをしている。誰にでもわかりやすくおいしい酒を目指したというこの「会津 純米大吟醸」は、香り高く、米の旨みもしっかり。キレイでキレのいい酒だ。

DATA
[使用米]山田錦
[精米歩合](麹)40%／(掛)40%
[アルコール度数]15度
[使用酵母]非公開
[価格]3,000円(720mℓ)／6,000円(1.8ℓ)
[販売期間]通年
[販売方法]一般流通、蔵元直売あり

TYPE
[香り]　☑ リンゴ系　☐ バナナ系
　　　　☐ その他
[味]　　すっきり・・◆・・濃厚
[ガス感]　☐ あり　☑ なし
[推奨温度]☑ 冷（**0**-**5**-**10**-**15**度）
　　　　　☑ 常温　☐ 燗

作
槐山一滴水 山田錦
ざく かいざんいってきすい やまだにしき

🏠 **清水清三郎商店** しみずせいざぶろうしょうてん
創業　1869年
住所　三重県鈴鹿市若松東3-9-33
杜氏　内山智広　　問　☎059-385-0011

720mℓ

気高く上品な味わいと心地のよい余韻

　飲む人、それを提供する人、出会ったみんなで造り上げる酒という願いが込められた清水清三郎商店の名ブランド「作」。鈴鹿山脈の清冽の伏流水と精米歩合40%の酒造好適米山田錦が融合し、低温でゆっくりと醸された純米大吟醸が、この「槐山一滴水 山田錦」だ。古来より尊貴の木と言われてきた槐のごとき気高く上品な味わいと、心地のよい余韻がうれしい。

DATA
[使用米]山田錦
[精米歩合](麹)40%／(掛)40%
[アルコール度数]16度
[使用酵母]自社酵母
[価格]4,000円(720mℓ)／8,000円(1.8ℓ)
[販売期間]通年
[販売方法]特約店

TYPE
[香り]　☐ リンゴ系　☐ バナナ系
　　　　☑ その他(花系)
[味]　　すっきり・◆・・・濃厚
[ガス感]　☐ あり　☑ なし
[推奨温度]☑ 冷（**10**-**5**-**10**-**15**度）
　　　　　☐ 常温　☐ 燗

楯野川

純米大吟醸 十八

たてのかわ じゅんまいだいぎんじょう じゅうはち

[家] **楯の川酒造** たてのかわしゅぞう

創業　1832年

住所　山形県酒田市山楯字清水田27

杜氏　佐藤淳平　　問　☎0234-52-2323

720mℓ

楯野川ブランドのエース的な存在

　一般的な大吟醸の約半分にあたる18%という究極の精米歩合を実現。しかも搾りの一番バランスの取れた部分＝「中取り」だけを集めて特別に瓶詰されたため、香り高く、味わいは華麗で、まさに日本酒の宝石と呼ぶに相応しい存在だ。18%精米の繊細さがもたらす上質感と、山田錦のポテンシャルを噛み締めるかのごとき豊かな旨さ、そして蔵の臨場感が表現されている。

DATA

[使用米]山田錦

[精米歩合](麹)18%／(掛)18%

[アルコール度数]15度

[使用酵母]山形KA、1801号

[価格]1万円(720mℓ)

[販売期間]通年

[販売方法]一般流通, 蔵元直売あり

TYPE

[香り]　☑ リンゴ系　☐ バナナ系　☐ その他

[味]　すっきり・◆・・・濃厚

[ガス感]　☐ あり　☑ なし

[推奨温度]　☑ 冷　(⓪ - ❺ - ❿ - ⑮ 度)　☐ 常温　☐ 燗

作

岡山 朝日米

ざく おかやま あさひまい

[家] **清水清三郎商店** しみずせいざぶろうしょうてん

創業　1869年

住所　三重県鈴鹿市若松東3-9-33

杜氏　内山智広　　問　☎059-385-0011

720mℓ

こだわりぬいた透明感と調和に万人が納得

　岡山県産「朝日」を50%精米して醸した純米大吟醸。清水清三郎商店が誇る「作」シリーズらしく、華やかで芳しい香りに、豊かでまろやかで透明感を感じさせる味わい。それでいて米の旨みもしっかりのっていて、すっきりとキレもいい。老若男女、ビギナーやマニアを問わず「おいしい！」と唸ること請け合いの一本だ。少し冷やしてワイングラスでじっくりいただきたい。

DATA

[使用米]朝日

[精米歩合](麹)50%／(掛)50%

[アルコール度数]16度

[使用酵母]自社酵母

[価格]1,950円(720mℓ)／3,900円(1.8ℓ)

[販売期間]通年

[販売方法]特約店

TYPE

[香り]　☐ リンゴ系　☐ バナナ系　☑ その他(花系)

[味]　すっきり・◆・・・濃厚

[ガス感]　☐ あり　☑ なし

[推奨温度]　☑ 冷　(⓪ - ⑤ - ❿ - ⑮ 度)　☐ 常温　☐ 燗

美丈夫

純米大吟醸 夢許

びじょうふ じゅんまいだいぎんじょう ゆめばかり

濵川商店 はまかわしょうてん
創業　1904年
住所　高知県安芸郡田野町2150
杜氏　小原昭　　問　☎0887-38-2004

720mℓ

持ちうる限りの手間暇をかけて醸された稀少酒

「夢許」とは「わずかばかり」の意。兵庫県特A地区・東条町の特等米を30％まで研ぎ、熊本酵母（KA-1）で35日間じっくりと醸す。上槽後生のまま瓶詰めし、-1度で低温熟成。最上のタイミングで瓶燗して秋口までじっくり氷温熟成する。熊本酵母特有の上品な上立ち香、原酒ならではのふくらみ、「美丈夫」特有の酸が、キレのいい食中酒に仕上げている。

DATA

[使用米]山田錦
[精米歩合]（麹）30%／（掛）30%
[アルコール度数]16度
[使用酵母]KA-1
[価格]5,000円（720mℓ）／1万円（1.8ℓ）
[販売期間]限定（数量）
[販売方法]特約店

TYPE

[香り]　☐ リンゴ系　☑ バナナ系　☐ その他
[味]　すっきり・◆・・・濃厚
[ガス感]　☐ あり　☑ なし
[推奨温度]　☑ 冷（⓪ - ⑤ - ❿ - ⓯ 度）　☑ 常温　☐ 燗

三井の寿

純米大吟醸 斗瓶採り

みいのことぶき じゅんまいだいぎんじょう とびんどり

みいの寿 みいのことぶき
創業　1922年
住所　福岡県三井郡大刀洗町栄田1067-2
杜氏　井上宰継　　問　☎0942-77-0019

720mℓ

料理を邪魔しない香り高き食中酒

　みいの寿は1922（大正11）年創業。筑後川に注ぐ小石原川の清流沿い、のどかな美田の広がる福岡県三井郡の大刀洗町に酒蔵を構える。昔ながらの技術と製法を引き継ぎながら、蔵元が個性的な特定名称酒を醸している。本作は大吟醸と同じ製法で醸して醪分割されたのち、さらに低温で醸された。香りは高いがお米の旨みと甘みのバランスが素晴らしく、決して料理の邪魔はしない。

DATA

[使用米]山田錦
[精米歩合]（麹）40%／（掛）40%
[アルコール度数]16度
[使用酵母]自社酵母
[価格]3,800円（720mℓ）／7,500円（1.8ℓ）
[販売期間]通年
[販売方法]特約店

TYPE

[香り]　☑ リンゴ系　☐ バナナ系　☐ その他
[味]　すっきり・◆・・・濃厚
[ガス感]　☐ あり　☑ なし
[推奨温度]　☑ 冷（⓪ - ❺ - ⑩ - ⑮ 度）　☐ 常温　☐ 燗

出羽桜

純米大吟醸 一路

でわざくら じゅんまいだいぎんじょう いちろ

🏠 **出羽桜酒造** でわざくらしゅぞう
創業　1892年
住所　山形県天童市一日町1-4-6
杜氏　佐藤眞一　問　☎023-653-5121

絶妙なバランスは日本酒ビギナーにもおすすめ

720mℓ

「山形から日本酒を世界へ」を合言葉に酒造りを続けている出羽桜酒造。本作は毎年ロンドンで開催されるインターナショナル・ワイン・チャレンジのSAKE部門で最高賞に輝くなど、海外でも高評価を受けている。「出羽桜」らしいフルーティーな吟醸香、山田錦の米の旨みと口に含んだときのふくらみ、濃すぎず薄すぎずの絶妙なバランス感は、日本酒に親しみのない方にもおすすめだ。

DATA

[使用米]山田錦
[精米歩合](麹)45%／(掛)45%
[アルコール度数]15度
[使用酵母]小川酵母
[価格]2,800円(720mℓ)
[販売期間]限定(年3回)
[販売方法]特約店

TYPE

[香り]　☑ リンゴ系　□ バナナ系
　　　　□ その他
[味]　　すっきり・・◆・▸・濃厚
[ガス感]　□ あり　☑ なし
[推奨温度]☑ 冷（ **0** - **5** - **10** - **15** 度）
　　　　　□ 常温　□ 燗

寒紅梅

純米大吟醸 山田錦35%

かんこうばい じゅんまいだいぎんじょう やまだにしき35%

🏠 **寒紅梅酒造** かんこうばいしゅぞう
創業　1868年
住所　三重県津市栗真中山町433
杜氏　増田明弘　問　☎059-232-3005

澄んだ水を用いて手作業で醸す上質酒

720mℓ

　寒紅梅酒造は津市の小さな蔵だが、近年原料米の処理に関する設備を強化したことで注目を浴びた。ほとんどの工程を手仕事で行うため限られた量しか仕込むことができないが、その分一滴一滴に熱い夢を込めて取り組んでいる。精米歩合35％の純米大吟醸は「寒紅梅」の最高峰。米本来の味わいを出すため、ろ過せずに瓶火入れを施した。華やかでキレのいい絶品の仕上がりだ。

DATA

[使用米]山田錦
[精米歩合](麹)35%／(掛)35%
[アルコール度数]15度
[使用酵母]明利系酵母
[価格]5,000円(720mℓ)
[販売期間]通年
[販売方法]特約店

TYPE

[香り]　☑ リンゴ系　□ バナナ系
　　　　□ その他
[味]　　すっきり・・◆・▸・濃厚
[ガス感]　☑ あり　□ なし
[推奨温度]☑ 冷（ **0** - **5** - **10** - **15** 度）
　　　　　□ 常温　□ 燗

信州舞姫

桜楓 純米大吟醸原酒 袋搾り中取り原酒
しんしゅうまいひめ おうふう じゅんまいだいぎんじょう ふくろしぼりなかどりげんしゅ

舞姫 まいひめ
創業 1894年
住所 長野県諏訪市諏訪2-9-25
杜氏 磯崎邦宏 問 ☎0266-52-0078

720mℓ

芳醇な香りと落ち着いた旨みがたまらない

諏訪市の酒蔵・舞姫。水は霧ヶ峰高原を源とする清冽なる伏流水を仕込み、特定名称酒は酒造好適米を使用、五味がほどよく調和した旨口の日本酒造りに日夜励んでいる。なかでも「桜楓」は最高級の酒に冠してきた銘柄。山田錦を39%まで精米したこの袋搾り中取り原酒は、リンゴやメロンを想わせる香りと落ち着いた旨み、ふくらみが一体となった、実に贅沢な味わいだ。

DATA
[使用米]山田錦
[精米歩合](麹)39%／(掛)39%
[アルコール度数]16度
[使用酵母]1801号
[価格]4,500円(720mℓ)
[販売期間]通年
[販売方法]一般流通、蔵元直売あり

TYPE
[香り] ☑ リンゴ系 ☐ バナナ系 ☐ その他
[味] すっきり・・・◆・濃厚
[ガス感] ☐ あり ☑ なし
[推奨温度] ☑ 冷 (0 - 5 - 10 - 15 度) ☐ 常温 ☐ 燗

磯自慢

大吟醸純米 エメラルド
いそじまん だいぎんじょうじゅんまい エメラルド

磯自慢酒造 いそじまんしゅぞう
創業 1830年
住所 静岡県焼津市鰯ヶ島307
杜氏 多田信男 問 ☎054-628-2204

720mℓ

なめらかな甘さとキレイな余韻が感動的

磯自慢酒造は静岡県内吟醸蔵のパイオニア的存在である。厳選した酒米と南アルプスの名水、そして蔵人たちのハーモニーが生み出す「磯自慢」ブランドでも、中間的存在の「大吟醸純米 エメラルド」は、特A地区東条産の山田錦50%精米。華やかでフルーティーな香りがふわっと広がり、なめらかで上品な甘さと後キレを感じることができる。魚貝料理にもぴったりだ。

DATA
[使用米]東条秋津山田錦特上
[精米歩合](麹)50%／(掛)50%
[アルコール度数]16～17度
[使用酵母]蔵内酵母(酢酸イソアミル系)
[価格]3,450円(720mℓ)
[販売期間]通年
[販売方法]特約店

TYPE
[香り] ☐ リンゴ系 ☐ バナナ系 ☑ その他(酢酸イソアミル系)
[味] すっきり・・◆・・濃厚
[ガス感] ☐ あり ☑ なし
[推奨温度] ☑ 冷 (0 - 5 - 10 - 15 度) ☐ 常温 ☐ 燗

雪雀

純米大吟醸

ゆきすずめ じゅんまいだいぎんじょう

⌂ **雪雀酒造** ゆきすずめしゅぞう

創業　1915年

住所　愛媛県松山市柳原123

杜氏　白石博文　　問　☎089-992-0025

720mℓ

ほんのりとした甘みと旨みが調和した1本

松山市の雪雀酒造は1915（大正4）年創業。瀬戸内の自然の中で厳選した米と水、そして杜氏の技が三位一体となって銘酒を醸している。この純米大吟醸は山田錦を100%使用、高縄山の伏流水にあたる硬度4の井戸水を、オルガノ水濾過装置※1を用いて仕込んでいる。透明感のある香りでほんのりとした甘みと旨みがあり、淡麗さの中にも小味がある。気品漂うプレミアムな1本だ。

DATA

[使用米]山田錦
[精米歩合]（麹）50%／（掛）50%
[アルコール度数]15.8度
[使用酵母]愛媛酵母（EK-1）
[価格]2,000円（720mℓ）／4,000円（1.8ℓ）
[販売期間]通年
[販売方法]一般流通、蔵元直売あり

TYPE

[香り]　☑ リンゴ系　☐ バナナ系　☐ その他
[味]　すっきり・◆・・・濃厚
[ガス感]　☐ あり　☑ なし
[推奨温度]　☑ 冷　（ 0 - 5 - **10** - 15 度 ）　☐ 常温　☐ 燗

鳳凰美田

赤判 純米大吟醸

ほうおうびでん あかばん じゅんまいだいぎんじょう

⌂ **小林酒造** こばやししゅぞう

創業　1872年

住所　栃木県小山市卒島743-1

杜氏　小林正樹　　問　☎0285-37-0005

720mℓ

マスカットを想起させるインパクト

山田錦を40%まで磨いた真っ赤なラベルの「鳳凰美田」は、新酒の雫をそのままの姿で1本1本丁寧に瓶詰めした極上品。口に含んだ瞬間に鼻腔を刺激するのは、掌で花びらをすくい上げたような甘くふわりとした味わい。その華やかさはマスカットを想起させるインパクトだが、突き抜けすぎず、媚びないさわやかさを持ち、丸みをもってキレていく。エレガントな余韻も素晴らしい。

DATA

[使用米]兵庫県西脇地区産山田錦
[精米歩合]（麹）40%／（掛）40%
[アルコール度数]16度
[使用酵母]とちぎ酵母
[価格]3,000円（720mℓ）／5,000円（1.8ℓ）
[販売期間]限定（年4回）
[販売方法]特約店

TYPE

[香り]　☐ リンゴ系　☐ バナナ系　☑ その他（マスカット系）
[味]　すっきり・・◆・・濃厚
[ガス感]　☐ あり　☑ なし
[推奨温度]　☑ 冷　（ 0 - 5 - 10 - **15** 度 ）　☑ 常温　☐ 燗

※1オルガノ水濾過装置　水処理技術に定評のあるオルガノ株式会社の装置。

鳩正宗

吟麗 純米大吟醸 山田錦35 中取り

はとまさむね ぎんれい じゅんまいだいぎんじょう やまだにしき35 なかどり

[蔵] **鳩正宗** はとまさむね
創業 1899年 住所 青森県十和田市大字三本木字稲吉176-2
杜氏 佐藤企 問 ☎0176-23-0221

720mℓ

コクのある旨みと、まろやかで奥深い味わい

八甲田・奥入瀬の伏流水を仕込みに使い、昔ながらの製法にこだわりながらも、新しい技術との融合を図っている青森県十和田市の酒蔵・鳩正宗。この純米大吟醸は酒米の最高峰・山田錦を35％まで磨き上げ、南部杜氏・佐藤企が丹精込めて長期低温発酵させ、中取りをした逸品だ。コクのある旨みとまろやかで奥深い味わいを、ワイングラスで冷やしてからご堪能いただきたい。

DATA
[使用米]山田錦
[精米歩合](麹)35%／(掛)35%
[アルコール度数]16度
[使用酵母]まほろば吟
[価格]5,500円(720mℓ)／1万1,000円(1.8ℓ)
[販売期間]通年
[販売方法]一般流通、蔵元直売あり

TYPE
[香り] ☑ リンゴ系 □ バナナ系 □ その他
[味] すっきり・・・◆・濃厚
[ガス感] □ あり ☑ なし
[推奨温度] ☑ 冷 （⓪ - ❺ - ❿ - ⑮ 度） □ 常温 □ 燗

廣戸川

純米大吟醸

ひろとがわ じゅんまいだいぎんじょう

[蔵] **松崎酒造店** まつざきしゅぞうてん
創業 1892年 住所 福島県岩瀬郡天栄村大字下松本字要谷47-1
杜氏 松崎祐行 問 ☎0248-82-2022

720mℓ

福島が誇る酒造好適米を生かした濃醇旨口

福島県天栄村を拠点とする松崎酒造店。地元を流れる釈迦堂川の旧名に由来する「廣戸川」が代表銘柄だ。この純米大吟醸は、福島県が独自開発した酒造好適米「夢の香」を使用。梨や桃のようなほどよい香り、米の旨みと穏やかな酸、喉を過ぎても残る品のある余韻が感動的。「夢の香」の特性を生かした濃醇旨口を、冷やしすぎないよう気をつけて楽しんでいただきたい。

DATA
[使用米]夢の香
[精米歩合](麹)45%／(掛)45%
[アルコール度数]15度
[使用酵母]TM-1
[価格]2,160円(720mℓ)／4,320円(1.8ℓ)
[販売期間]限定(年1回)
[販売方法]特約店

TYPE
[香り] □ リンゴ系 □ バナナ系 ☑ その他(ナシ系)
[味] すっきり・・◆・・濃厚
[ガス感] □ あり ☑ なし
[推奨温度] ☑ 冷 （⓪ - ⑤ - ❿ - ⓯ 度） □ 常温 □ 燗

磯自慢

純米大吟醸 ブルーボトル

いそじまん じゅんまいだいぎんじょう ブルーボトル

⌂ **磯自慢酒造** いそじまんしゅぞう
創業　1830年
住所　静岡県焼津市鰯ヶ島307
杜氏　多田信男　　問　☎054-628-2204

香味の神秘的な変化を楽しめる芸術品

720mℓ

厳選した酒米と名水、蔵人たちのハーモニーが生み出す「磯自慢」ブランド。このブルーボトルは特A地区（3字田圃）兵庫県東条秋津産・山田錦特上米のみを使用、南アルプスを源泉とする大井川伏流水で仕込み、超低温でゆっくりと精根込めて醸した芸術品。自然な果実香と雑味のない奥深い味わいの調和が見事。冷やしたままグラスに注げば、香味の神秘的な変化が楽しめる。

DATA

[使用米]東条秋津山田錦3字特上
[精米歩合]（麹）40％／（掛）40％
[アルコール度数]16～17度
[使用酵母]蔵内酵母（酢酸イソアミル系）
[価格]5,508円（720mℓ）
[販売期間]限定（7月、9月、11月）
[販売方法]特約店

TYPE

[香り]	□ リンゴ系　□ バナナ系
	☑ その他（酢酸イソアミル系）
[味]	すっきり・・◆・・濃厚
[ガス感]	□ あり　☑ なし
[推奨温度]	☑ 冷（ ❶ - ❺ - ❿ - ⓯ 度）
	□ 常温　□ 燗

雨後の月

純米大吟醸

うごのつき じゅんまいだいぎんじょう

⌂ **相原酒造** あいはらしゅぞう
創業　1875年
住所　広島県呉市仁方本町1-25-15
杜氏　堀本敦志　　問　☎0823-79-5008

優雅でやわらかく、飲み飽きしない酒質

720mℓ

広島県呉市の相原酒造は、全ての酒を大吟醸と同じ製法で醸し、冷蔵・熟成して出荷している。蔵の代表銘柄「雨後の月」の由来は、明治の文豪徳冨蘆花が1900年に記した『自然と人生』の短編題より命名された。本作は赤磐雄町を40％まで精米し、米の特徴と純米大吟醸らしい香りも引き出すように醸した逸品。優雅でやわらかく、酸が引き締め、飲み飽きしない味わいだ。

DATA

[使用米]雄町
[精米歩合]（麹）40％／（掛）40％
[アルコール度数]16度
[使用酵母]901号、1801号
[価格]3,500円（720mℓ）／7,000円（1.8ℓ）
[販売期間]通年
[販売方法]一般流通

TYPE

[香り]	☑ リンゴ系　□ バナナ系
	□ その他
[味]	すっきり・・◆・・濃厚
[ガス感]	□ あり　☑ なし
[推奨温度]	☑ 冷（ ❶ - ❺ - ❿ - ⓯ 度）
	□ 常温　□ 燗

宮寒梅
EXTRA CLASS 純米大吟醸 醇麗純香
みやかんばい エクストラクラス じゅんまいだいぎんじょう
じゅんれいじゅんか

🏠 **寒梅酒造** かんばいしゅぞう
創業　1957年
住所　宮城県大崎市古川柏崎字境田15
杜氏　岩﨑健弥　　問 ☎0229-26-2037

味は熟れた果実の如く、香りはどこまでも澄みわたる

1.8ℓ

「こころに春を呼ぶお酒」をテーマにしている宮城県大崎市の寒梅酒造。「EXTRA CLASS」は、全量自社栽培米の使用と精米歩合35％以下が条件だ。この「醇麗純香」も自社田育ちの「美山錦」（麹米）と「ひより」（掛米）で構成し、低温管理を徹底し、香りと旨みを凝縮させた製法で生み出されている。口当たりは凛としてしまり、熟れきった果実のような芳醇・濃密な酒の味わいだ。

DATA
[使用米]（麹）美山錦／（掛）ひより
[精米歩合]（麹）35％／（掛）35％
[アルコール度数]16度
[使用酵母]宮城酵母
[価格]5,000円(1.8ℓ)
[販売期間]通年
[販売方法]特約店

TYPE
[香り]	☑ リンゴ系	☐ バナナ系
	☐ その他	
[味]	すっきり・・・◆・濃厚	
[ガス感]	☐ あり	☑ なし
[推奨温度]	☑ 冷（**0**-**5**-**10**-**15**度）	
	☐ 常温	☐ 燗

太平山
純米大吟醸 天巧
たいへいざん じゅんまいだいぎんじょう てんこう

🏠 **小玉醸造** こだまじょうぞう
創業　1879年
住所　秋田県潟上市飯田川飯塚字飯塚34-1
杜氏　猿田修　　問 ☎018-877-2100

豊かなコクと抜群のキレが料理を引き立てる

720mℓ

秋田を代表する醤油・味噌醸造元として不動の地位を確立している小玉醸造は、酒造業でも名高い。地域でもっとも親しまれている名峰に由来する「太平山」ブランドが、その代表格だ。中でも秋田流生酛造りで醸された「天巧」は別格。豊かなコクとともに抜群のキレがあり、和食から洋食まで様々な料理を引き立てる。五味のバランスを重視した最高峰の純米大吟醸である。

DATA
[使用米]山田錦
[精米歩合]（麹）40％／（掛）40％
[アルコール度数]16度
[使用酵母]自社酵母
[価格]2,800円(720mℓ)／5,400円(1.8ℓ)
[販売期間]通年
[販売方法]一般流通、蔵元直売あり

TYPE
[香り]	☐ リンゴ系	☑ バナナ系
	☐ その他	
[味]	すっきり・・◆・・濃厚	
[ガス感]	☐ あり	☑ なし
[推奨温度]	☑ 冷（**0**-**5**-**10**-**15**度）	
	☐ 常温	☐ 燗

八甲田おろし

純米大吟醸 山田錦35

はっこうだおろし じゅんまいだいぎんじょう やまだにしき35

鳩正宗 はとまさむね

創業　1899年　住所　青森県十和田市大字三本木字稲吉176-2

杜氏　佐藤企　　問　☎0176-23-0221

720mℓ

華やかな吟醸香と旨みをじっくりと堪能

青森県十和田市で120年近い歴史を誇る鳩正宗。代表銘柄「八甲田おろし」の純米大吟醸は、厳しい寒風が吹き下ろす環境のもと、山田錦を100%使用して35%まで磨き上げ、奥入瀬川の伏流水で仕込み長期低温発酵にて醸し、即そのまま瓶詰め。日本酒本来の旨みを損なわないよう大切に仕上げた1本だ。華やかな吟醸香と、コクのある旨みをじっくりと堪能できる。

DATA

[使用米]山田錦

[精米歩合](麹)35%／(掛)35%

[アルコール度数]16度

[使用酵母]まほろば吟

[価格]3,300円(720mℓ)／6,600円(1.8ℓ)

[販売期間]通年

[販売方法]一般流通、蔵元直売あり

TYPE

[香り]　☑ リンゴ系　☐ バナナ系　☐ その他

[味]　すっきり・・・◆・濃厚

[ガス感]　☐ あり　☑ なし

[推奨温度]　☑ 冷　（⓪ - ❺ - ❿ - ⑮ 度）　☐ 常温　☐ 燗

七賢

絹の味

しちけん きぬのあじ

山梨銘醸 やまなしめいじょう

創業　1750年

住所　山梨県北杜市白州町台ケ原2283

杜氏　北原亮庫　　問　☎0551-35-2236

720mℓ

派手さを抑えたさわやかな口当たり

創業は1750(寛延3)年、実に250年以上の歴史を誇る山梨銘醸。本作は山間地向きの酒造好適米「夢山水」を47%まで磨き、南アルプス甲斐駒ヶ岳の伏流水で醸した純米大吟醸。大吟醸特有のフルーティーな香りはやや控えめ。派手さを抑えたすっきりとさわやかな口当たりが特徴で、食中酒に最適だ。ワイングラスなど香りを楽しめる酒器で、冷やしてお楽しみいただきたい。

DATA

[使用米]夢山水

[精米歩合](麹)47%／(掛)47%

[アルコール度数]16度

[使用酵母]1801号

[価格]1,500円(720mℓ)／3,000円(1.8ℓ)

[販売期間]通年

[販売方法]一般流通、蔵元直売あり

TYPE

[香り]　☑ リンゴ系　☐ バナナ系　☐ その他

[味]　すっきり・・・◆・濃厚

[ガス感]　☐ あり　☑ なし

[推奨温度]　☑ 冷　（⓪ - ❺ - ❿ - ⑮ 度）　☐ 常温　☐ 燗

SAKE COMPETITION 2017 ／ 純米大吟醸 部門 ／

SAKE COMPETITION has the world
most number of entry and the competition
only for Japanese sake.

［審査員座談会③］ 純米大吟醸部門

——続いては「純米大吟醸部門」。蔵を代表する酒として持てる醸造技術を注ぎ、手間を惜しまずに造られた最高級酒が揃いました。

**山田錦が硬く、
味を引き出すことが
難しかった**

新澤：伝統的な「全国新酒鑑評会」をはじめ、多くの日本酒コンテストが開催されていますが、そこで受賞するお酒は香りが高く派手な「特別酒」が中心です。この「純米大吟醸部門」はより一般の人が購入しやすい「市販酒」のトップという考えですね。

廣木：審査をして感じたのが、今年は酒米が「硬い」という印象を受けましたね。特に山田錦が。

浅野：そうですね。実際に酒造りをしていても今年は非常に硬く、お米の味が出にくかった。私の蔵は溶けやすい米が得意なんですよ。今年は上手くカバーできずに例年通りの香りが出ませんでしたが、審査していてもそういうお酒が散見している印象を受けました。

井上：個人的には「純米大吟醸」の審査が一番難しかったです。予審はまだいいんですよ、優劣がわかりやすいので。だけど決審となると本当に優れたお酒しか残っていないので、技術の差が非常に見えづらい。

浅野：他の部門では色々な酒米を使うのですが、「純米大吟醸部門」に出すような高級酒は山田

錦を使う蔵が多い。条件が似る分、より差が出づらくなるし、自然環境に左右される味の傾向は強くなるんです。

——入賞酒にはどのような特徴がありますか？

一発逆転の可能性も
予測のできない
高級酒の面白さ
——

井上：他の部門はだいたい例年通りの顔ぶれですが、「純米大吟醸部門」は毎年結構動きがあります。

新澤：僕は「純米大吟醸部門」や「吟醸部門」では、細かな技術以上に原料や水、それにタイミングが影響してくると思っています。昨年までの上位酒が翌年突然予審落ちになったり、逆にこれまで無名だった小さな蔵が一気にトップになったりする可能性がある。

廣木：その考えは面白いな。過去の歴史を紐解いても、「純米大吟醸部門」と「吟醸部門」はトレンドが見えないのかもしれないですね。今年は硬い米に上手く対応できた蔵、硬い米と相性のいい造りをした蔵がよかったと思います。

新澤：どの蔵でも一発逆転を狙えることが「純米大吟醸」の醍醐味だと思いますね。

——まさに「今年の酒」がトップに立つ部門なのですね。この部門に限らず、上位入賞酒はレベルが拮抗している印象があります。審査の上で必要なことは何だと思われますか？

浅野：毎年毎年、本当にレベルが上がっていますよね。これだけの数の日本酒を審査するとなると自分の軸を持つことが大切だと思います。長年様々な会で審査員としてやってきた自分のスタイルがありますので、それをベースとして、

審査基準に外れるオフフレーバーなどは厳しく評価するようにしました。

井上：SAKE COMPETITIONの特徴は審査員の人数が多いことにありますよね。酒の個性を評価するか減点するかがはっきり分かれるのも面白いところだと思います。

新澤：僕たちは出品者でもあるので当然自分のお酒もきき酒することになるのですが……全然わからないですね。自分のお酒を見つけようという意識はなく、審査の軸を保つことに必死なんですよ（笑）。一瞬でも「自分の蔵かな？」なんて思うと、審査の軸がブレてしまう。僕たちも予審と決審で同じお酒の点数がぶれてないかチェックされているので、今年また呼んでいただいたということは、昨年の審査がちゃんとしていたんだなって思います。

廣木：最近は日本酒業界に対する「責任」を感じることが多くなりました。市販酒のコンテストで勝つのはどの蔵にとっても非常に大きなことですよね。それを評価するということは、今どのような日本酒が求められているかを明確にする先導役でもあるわけです。そのため、自分の中で「日本酒はどうあるべきか」ということを考えることが大切だと思います。

審査員には日本酒業界への「責任」がある

Column

審査は点数の平均値0.01の違いで入賞が決まる厳しい世界

審査方法はブラインドテイスティングより5点減点法で採点。全審査員の点数の平均値が出品酒の点数となる。上位入賞酒は0.01点の争いで、時には同点の場合も。トップ10の実力は拮抗状態にあるのだ。

吟醸部門

Ginjo

原料は米と水、醸造アルコール。
精米歩合50%以下の「大吟醸酒」と、
精米歩合60%以下の「吟醸酒」がエントリー可能。
香り高い高級酒が揃った。

GOLD	10点
SILVER	10点
予選通過	70点

エントリー総数 | 196点

出品酒について ・特定名称酒「吟醸」「大吟醸」表示がされている清酒
・「山廃吟醸・大吟醸」「生酛吟醸・大吟醸」表示がされている清酒

RANK

1 位

リンゴにも似た華やかさ

さわやかな吟醸香

この酒が福をもたらす

斗瓶囲い雫酒

限定品

限定醸造

来福

来福酒造株式會社

720mℓ

DATA

[使用米]
山田錦
[精米歩合]
(麹)40%
(掛)40%
[アルコール度数]
17度
[使用酵母]
花酵母
[価格]
3,500円(720mℓ)
8,000円(1.8ℓ)
[販売期間]
限定(年1回)
[販売方法]
特約店

TYPE

[香り]
☑ リンゴ系　□ バナナ系
□ その他
[味]
すっきり・◆・・・濃厚
[ガス感]
□ あり　☑ なし
[推奨温度]
☑ 冷
(⓪ - ❺ - ❿ - ⓯ 度)
□ 常温　□ 燗

来福

大吟醸 雫

らいふく だいぎんじょう しずく

※1 花酵母　自然界の花から分離した酵母。東京農業大学醸造学科の中田久保教授が発見した。

兵庫県産の山田錦を40％まで精米し、花から分離させた花酵母 ※1（アベリアとベコニア）をブレンドして使用。醪を酒袋に入れ、一滴一滴、自然にゆっくりと垂れてきた原酒を1斗瓶に囲い、瓶詰めした極上の「雫酒」。手間暇がかかるため生産量の少ない限定品となっている。リンゴにも似た華やかさと、さわやかな吟醸香を持ち、ふくらみと穏やかな甘みを感じさせながら、切れのよさも際立つ。雑味のないクリアな味わいに仕上がり、上品さとバランスが調和を保って共存している。この銘品を生み出した来福酒造は、今から300年以上前の1716（享保元）年、筑波山麓の良水の地に創業。来福という名は俳句の「福や来む 笑う上戸の 門の松」に由来する。笑顔を運んでくる酒が、ここにある。

⌂ 来福酒造

らいふくしゅぞう

創業	1716年
住所	茨城県筑西市村田1626
杜氏	佐藤明
問	☎0296-52-2448

JUDGE'S C⦿MMENTS

出品酒の中でも別格な吟醸香。口中をキレイに転がるフルーツ味がよい。

すべてにおいてバランスがよい。丁寧に造られた思いが感じられた。

吟醸香は極めて高く、インパクトあり。味わいもしっかりしていて、旨みも十分。

RANK

2位

フルーツ香に満ち
すっきりと上品
食中酒として最適

720mℓ

DATA

[使用米]
山田錦
[精米歩合]
(麹)35%
(掛)35%
[アルコール度数]
15度
[使用酵母]
1801号
[価格]
2,100円(720mℓ)
4,200円(1.8ℓ)
[販売期間]
限定(年1〜2回)
[販売方法]
特約店

TYPE

[香り]
☑ リンゴ系　☐ バナナ系
☐ その他
[味]
すっきり・・◆・・濃厚
[ガス感]
☐ あり　☑ なし
[推奨温度]
☑ 冷
(⓪ - ⑤ - ❿ - ⑮ 度)
☐ 常温　☐ 燗

紀土

大吟醸

きっど だいぎんじょう

庫県産特A地区の山田錦を35％まで精米して仕込み、長期低温発酵を経て醸された大吟醸。リンゴ、サクランボなどの優しく華やかなフルーツ香に満ち、山田錦の深みを十分に感じさせながら、すっきりと上品できれいな甘みを漂わせている。後味もキレがよく、端正。食との相性を大切にした酒質は、食中酒としても存在感を示し、日本酒を飲み慣れない方にも親しみやすい。1928（昭和3）年に創業した平和酒造は、近年では「責任仕込み」として、若手の蔵人の一人ひとりがタンク1本分の醸造を担当することも多い。それによって酒の造り手としての技術が向上し、成長のスピードがすこぶる早い。良質な地下水が豊富な紀州・和歌山の山間の盆地に蔵を構え、日々研鑽を重ねている。

🏠 平和酒造

へいわしゅぞう

創業　1928年
住所　和歌山県海南市
　　　溝ノ口119
杜氏　柴田英道
問　　☎073-487-0189

JUDGE'S C🟢MMENTS

吟醸香がほどよく飲める吟醸酒。バランスの勝利だ。

さわやかさの中に芳醇さを感じさせる。洗練された酒質。

糖度を中心にしてまとまりがある。ジューシーな味わい。

SAKE COMPETITION 2017

SAKE COMPETITION has the world
most number of entry and the competition
only for Japanese sake.

／ 吟醸 部門　　／ ● GOLD 受賞　　／

RANK

3 位

蔵人たちが田植えをし

山田錦を苗から育てる

酒造りは農業でもある

DATA

[使用米]
山田錦
[精米歩合]
(麹)40%
(掛)40%
[アルコール度数]
16度
[使用酵母]
自社酵母
[価格]
4,500円(720mℓ)
1万円(1.8ℓ)
[販売期間]
通年
[販売方法]
特約店

TYPE

[香り]
☑ リンゴ系　□ バナナ系
□ その他
[味]
すっきり・◆・・・濃厚
[ガス感]
□ あり　☑ なし
[推奨温度]
☑ 冷
(❶ - ❺ - ❿ - ⓯ 度)
□ 常温　□ 燗

720mℓ

三井の寿

大吟醸 寒の蔵

みいのことぶき だいぎんじょう かんのくら

高度に精白された山田錦を使い、高温糖化※1で造った酒母を用い、醪の温度も10度未満に抑えて、じっくりと低温発酵させた大吟醸。甘みや旨みもありつつ、やや辛口ですっきりした淡麗な仕上がりは、食前酒や食後酒として味わうにも好適。ワイングラスに注いで、果物などと合わせる楽しみ方もおすすめできる。九州・筑後川に注ぐ支流沿いに広がる筑後平野の一角、三井郡大刀洗町に建つ蔵、みいの寿。1922年の創業以来、地元福岡県産の酒米と水にこだわった姿勢は、この地に暮らす人々とも強い信頼関係で結ばれている。山田錦の主産地のひとつである糸島にも近いという立地を生かし、毎年田植えの時期には蔵人も手伝いに行く。山田錦を苗から育てるという徹底ぶりは、高い評価を受けている。

⌂ みいの寿

みいのことぶき

創業	1922年
住所	福岡県三井郡大刀洗町栄田1067-2
杜氏	井上宰継
問	☎0942-77-0019

※1 高温糖化　精米を蒸す代わりに高熱によってデンプン質をα化し、これに麹と酵母を加えて醗酵させる方法。糖化を急速にかつ効果的に行うとともに雑菌の淘汰も目的とし、酵母を純粋に育成することができる。

JUDGE'S C🌰MMENTS

デリシャスリンゴ系の高い香り。きりっとしたキレのよさが特徴。

吟醸香は穏やか気味も、味わいは軽快にまとまる。全体的に上品な酒。

圧倒的な吟醸香に、品格を感じさせる味わい。個人的には同部門トップの評価。

RANK

4位

8代目を継承する

女性蔵元の名を冠した

洗練の味わい

720mℓ

DATA

[使用米]
山田錦
[精米歩合]
(麹)40%
(掛)40%
[アルコール度数]
16度
[使用酵母]
M310
[価格]
5,000円(720mℓ)
1万円(1.8ℓ)
[販売期間]
通年
[販売方法]
一般流通、蔵元直売あり

TYPE

[香り]
□ リンゴ系　☑ バナナ系
□ その他
[味]
すっきり・◆・・・濃厚
[ガス感]
□ あり　☑ なし
[推奨温度]
☑ 冷
(◎ - ❺ - ❿ - ⓯ 度)
□ 常温　□ 燗

ゆり

大吟醸 山田錦

ゆり だいぎんじょう やまだにしき

戸時代の寛政年間に会津の地で創業した酒蔵の8代目として、その系譜を継ぐ女性蔵元の林ゆりさんが、母親の恵子さんたちと共に醸した大吟醸。決して声高に主張し過ぎない奥ゆかしい香りと、やわらかな甘み、すっきりと澄んだクリアな味が調和し、当初イメージした「バランスのよい酒質」を現実のものとした。香り、口当たり、味わい、後味、すべてが仕込みに携わった杜氏の人柄を映したかのように洗練されている。軽快でありながら、品格が高い。現在の屋号・鶴乃江酒造を名乗ったのは明治初期。会津のシンボルである鶴ヶ城の「鶴」と、猪苗代湖を表す「江」を由来としている。和は良酒を醸し、良酒は和を醸すという意味である「和醸良酒」をモットーとし、スタッフの絆も強い。

鶴乃江酒造

つるのえしゅぞう

創業	1794年
住所	福島県会津若松市七日町2-46
杜氏	坂井義正
問	☎0242-27-0139

JUDGE'S COMMENTS

香り高く、すっきりとした味わいの大吟醸。

キレイですっきりしていながら、ふくよかな香味もある。

とてもフレッシュな印象。その分やや粗さも見えるが、全体のバランスがよい。

RANK

5 位

酒質第一主義を貫き

日本酒の神髄を

追い求め続ける

DATA

[使用米]
山田錦
[精米歩合]
(麹)40%
(掛)40%
[アルコール度数]
16度以上17度未満
[使用酵母]
秋田今野No24
[価格]
2,408円(720mℓ)
[販売期間]
通年
[販売方法]
一般流通、蔵元直売あり

TYPE

[香り]
☑ リンゴ系　□ バナナ系
□ その他
[味]
すっきり ◆ ・・・・ 濃厚
[ガス感]
□ あり　☑ なし
[推奨温度]
☑ 冷
(⓿ - ❺ - ❿ - ⓯ 度)
□ 常温　□ 燗

720mℓ

大吟醸 牡丹

美酒 爛漫

秋田銘醸株式会社
秋田県湯沢市大工町四番二三号
お問い合わせ☎0120-73-5544(平日9時〜17時のみ)

製造年月 OR '17.5 清酒 720mℓ

牡丹

大吟醸

ぼたん だいぎんじょう

雪国秋田、山内杜氏伝統の寒仕込み。山田錦を極限の40%まで精米し、10度以下の長期低温醸造により、じっくりと引き出された果実のような芳しい香りと、すっきりした旨みを特徴とする大吟醸。華やかでバランスの取れた吟醸香と、なめらかなのどごしの酒質は、最高級の酒造米と秋田の大地に磨かれた雪解けの豊潤な水によって生み出される。

秋田県内の主な酒造家、政財界人などの有志が集まり、1922（大正11）年に創業した秋田銘醸。「酒質第一主義」を掲げ、蔵人の技術を今に受け継ぎながら、近代的な設備の導入や、醸造データの解析にも力を注いでいる。「日本酒の神髄」を追求し、高い品質で、なおかつコストパフォーマンスにも優れた酒造りにも取り組んでいる。

⌂ 秋田銘醸

あきためいじょう

創業	1922年
住所	秋田県湯沢市大工町4-23
杜氏	本多正美
問	☎0183-73-3161

JUDGE'S COMMENTS

芳醇で上質な甘みがじんわりと広がる。

吟醸香のふくらみが良好。味わいは上品で甘みキレイ。香りのまとまりがある。

カプロン酸が高めも、キレイに仕上げている。キレもよし。

RANK

6位

小分けにしての洗米

麹米の自然放冷

完璧を目指しての道

720ml

DATA

[使用米]
山田錦
[精米歩合]
(麹)35%
(掛)35%
[アルコール度数]
16度
[使用酵母]
1801号
[価格]
5,000円(720mℓ)
1万円(1.8ℓ)
[販売期間]
通年
[販売方法]
特約店

TYPE

[香り]
☑ リンゴ系　□ バナナ系
□ その他
[味]
すっきり・・◆・・濃厚
[ガス感]
□ あり　☑ なし
[推奨温度]
☑ 冷
(**0** - **5** - **10** - **15** 度)
□ 常温　□ 燗

みむろ杉

大吟醸

みむろすぎ だいぎんじょう

※1 限定吸水　日本酒の原料となる米を洗い、水を吸わせる「浸漬」の工程で、時間を決めて浸漬を行い吸水を調整することを限定吸水という。

山田錦を35％精米、全量10kgずつ小分けにして行われた洗米と、徹底した限定吸水※1。自然放冷によって丁寧に放熱させた麹米。蔵人が酒蔵に泊まり込んでの昼夜を問わない品質管理。蒸米の移動は全量にわたっての手運び。醪の工程では低温長期発酵をし、上槽後は2日以内で瓶詰めした。すべては山田錦の持つ力を余すところなく生かすための配慮だ。手塩にかけて世に送られたこの大吟醸はフレッシュなリンゴを連想させるさわやかで上品な香りに富み、優しくキメ細やかな甘みの中に、快い酸と、アクセントとなる上質な苦みが顔をのぞかせる。後味はすうーっと引き、心地よい余韻に満たされる。若いスタッフが一丸となって取り組んだ姿が、ゴールドという結果に表れた。

今西酒造

いまにししゅぞう

創業	1660年
住所	奈良県桜井市三輪510
杜氏	澤田英治
問	☎0744-42-6022

JUDGE'S C⦿MMENTS

キレがよくシャープが印象。フレッシュ＆フルーティーで、秋上がりも期待したい。

透明感がありキレイな酒質。バランスがよく安心感を与える。

透明感のある香り高く、上品な甘みとすっきりとした味わいの大吟醸。

RANK

7 位

白い鳩は吉兆の証

地域に密着して

新旧の融合を図る

720mℓ

DATA

[使用米]
山田錦
[精米歩合]
(麹)35%
(掛)35%
[アルコール度数]
17度
[使用酵母]
まほろば吟
[価格]
2,750円(720mℓ)
5,500円(1.8ℓ)
[販売期間]
通年
[販売方法]
一般流通、蔵元直売あり

TYPE

[香り]
☑ リンゴ系　□ バナナ系
□ その他
[味]
すっきり・・◆・・濃厚
[ガス感]
□ あり　☑ なし
[推奨温度]
☑ 冷
(⓪ - ❺ - ⓾ - ⓯ 度)
□ 常温　□ 燗

八甲田おろし

大吟醸 山田錦35

はっこうだおろし だいぎんじょう やまだにしき35

庫県産の山田錦を35％精米。八甲田・奥入瀬の清冽な伏流水で仕込み、低温長期発酵にて醸した大吟醸。製成後はすぐに瓶詰めし、瓶殺菌、瓶貯蔵を施して仕上げた。華やかな吟醸香と米の旨みを見事に引き出したふくらみのある味わいが、バランスよく調和している。1899（明治32）年の創業以来、青森県十和田市に残る唯一の蔵元として、酒造りに向き合ってきた鳩正宗。この名はいずこからか飛来して蔵に棲みついた一羽の美しい白鳩を、守り神として祀ったことに由来する。時の当主は篤い信心に基づいてこの白鳩を大切にし、鳩正宗の名を冠するに至った。「地酒は、地方の食文化の結晶である」を社是として掲げ、伝統製法と新しい技術の融合を図りながら、銘品を醸し続けている。

⌂ 鳩正宗

はとまさむね

創業　1899年
住所　青森県十和田市
　　　大字三本木字稲吉176-2
杜氏　佐藤企
問　　☎0176-23-0221

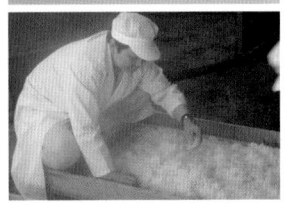

JUDGE'S C●MMENTS

奥行きのある上品な香り。ふくよかな甘みがある。

味わいにやや熟成感がある。丸くてバランスは良好、上品にまとまる。

カプロン酸エチル由来の華やかさがある。しっかりと重めでまとまりがある。

RANK

8位

高貴なる聖の極み
35%精米の山田錦で
最高峰へと向かう

720mℓ

DATA

[使用米]
山田錦
[精米歩合]
(麹)35%
(掛)35%
[アルコール度数]
17～18度
[使用酵母]
1801号、1901号
[価格]
4,300円(720mℓ)
1万円(1.8ℓ)
[販売期間]
通年
[販売方法]
一般流通、蔵元直売あり

TYPE

[香り]
☑ リンゴ系　☐ バナナ系
☐ その他
[味]
すっきり・◆・・・濃厚
[ガス感]
☐ あり　☑ なし
[推奨温度]
☑ 冷
([0] - [5] - [10] - [15] 度)
☑ 常温　☐ 燗

極聖

大吟醸

きわみひじり だいぎんじょう

精 米歩合35％まで磨き上げた山田錦をじっくりと低温で熟成し、さわやかさとまろやかさの両立を追求して醸した斗瓶取りの大吟醸酒。仕込み水は蔵のある岡山市西川原の地を流れる旭川の伏流水を、地下100mから汲み上げて使っている。フルーティーな香りと、バランスの整ったキレのある味わいが調和している。酒名の元となったのは、こよなく酒を愛したといわれる万葉の歌人・大伴旅人が詠んだ「酒の名を 聖と負ほせし 古の 大き聖の 言のよろしさ」。この和歌にちなみ、当初は「聖」と命名されたが、最高峰を意味する「極」を冠し、現在に至っている。「現代の名工」に選ばれた備中杜氏の指導を受け、技術を継承した蔵人による真摯な酒造りが花を開かせた。

⌂ **宮下酒造**

みやしたしゅぞう

創業　1915年
住所　岡山県岡山市
　　　中区西川原184
杜氏　岡﨑達郎
問　　☎086-272-5594

JUDGE'S COMMENTS

透明感のある香り高く、上品な甘みとすっきりとした味わいの大吟醸。

華やかで南国のフルーツを感じさせる。味がしっかりのっている。

吟醸香のふくらみが良好。味わい軽快で上品、全体にまとまり感がある。

SAKE COMPETITION 2017　／ 吟醸 部門　　／ ● GOLD 受賞　／

SAKE COMPETITION has the world
most number of entry and the competition
only for Japanese sake.

RANK

9 位

伝統芸能に触発され

革新を取り込んだ

三位一体の酒造り

720mℓ

DATA

[使用米]
山田錦
[精米歩合]
(麹)40%
(掛)40%
[アルコール度数]
17度
[使用酵母]
M310
[価格]
5,000円(720mℓ)
1万1,000円(1.8ℓ)
[販売期間]
限定(年1回)
[販売方法]
一般流通、蔵元直売あり

TYPE

[香り]
☑ リンゴ系　□ バナナ系
□ その他
[味]
すっきり ◆ ・・・・ 濃厚
[ガス感]
□ あり　☑ なし
[推奨温度]
☑ 冷
(⓪ - ⑤ - ⑩ - ⑮ 度)
□ 常温　□ 燗

文楽

限定 大吟醸 袋吊り 無濾過原酒 中汲み

ぶんらく
げんてい だいぎんじょう ふくろづり むろかげんしゅ なかぐみ

最 高級酒米の山田錦を使い、秩父山系の豊富な地下水を仕込み水とした。華やかな吟醸香と、きめ細やかな米の旨み、ふくらみのある味わいを持つ大吟醸。外的な圧力を一切かけずに、タンクの中に吊るした醪を自然の力で搾る「袋取り」の上槽方法を採り、1滴1滴、滴り落ちる雫を集め、蔵人の手により丁寧に瓶詰めをした。1894（明治27）年に創業した埼玉県の酒蔵、文楽。その名の由来は、日本が誇る伝統芸能である文楽に深く魅せられた創業者が「義太夫・三味線・人形遣い」の三位一体から構築された技と精神に、酒造りに通ずるインスピレーションを感じたことから。酒造りの分野での三位一体とは「米・麹・水」。昔ながらの日本酒造りを大切にしつつ、革新的な取り組みも忘れていない。

⌂ 文楽

ぶんらく

——

創業　1894年
住所　埼玉県上尾市
　　　上町2-5-5
杜氏　村上大介
問　　☎048-771-0011

濃密でしっかりとした酒質。口中に様々な吟醸香が広がっていく。

引込みからキレまで申し分ない酒質。

吟醸香のふくらみは良好。味わいは軽快かつ上品、やや辛口系で良好だ。

SAKE COMPETITION 2017 / 吟醸 部門 / ● GOLD 受賞 /

SAKE COMPETITION has the world
most number of entry and the competition
only for Japanese sake.

RANK

10位

フルーティーで奥深く

キレイな酒質は

ぶれない志の高さから

DATA

[使用米]
山田錦
[精米歩合]
(麹)40%
(掛)40%
[アルコール度数]
17度
[使用酵母]
M310
[価格]
3,096円(720mℓ)
6,143円(1.8ℓ)
[販売期間]
通年
[販売方法]
特約店、蔵元直売あり

大吟醸

櫻川

720mℓ

製造年月

TYPE

[香り]
☑ リンゴ系　☑ バナナ系
□ その他
[味]
すっきり・・◆・・濃厚
[ガス感]
□ あり　☑ なし
[推奨温度]
☑ 冷
(**0** - **5** - ⑩ - ⑮ 度)
□ 常温　□ 燗

桜川

大吟醸

さくらがわ だいぎんじょう

兵庫県、旧加東郡東条町の特A山田錦特有の、やわらかで幅のあるふくらみを保ちながら、雑味のない酒質を特徴とする。1754（宝暦4）年に創業した辻善兵衛商店の銘柄「桜川」の精髄を結集した大吟醸。北関東の豊かな穀倉地帯の中ほどに位置する真岡の地で、脈々と培ってきた技術を注ぎ込み、鬼怒川の伏流水を仕込み水として醸した酒はフルーティーで味わい深く、真っすぐな志と優しさに満ちている。圧力をまったくかけない無加圧上槽を行い、原酒を吟味した上で良質のものだけを斗瓶囲い・瓶燗火入れ・低温熟成。手間を惜しむことのない丁寧な仕上げとなっている。酵母の選定や麹造りを通じても吟醸香のバランスを取り、ドリンカビリティに優れた味わい。後味のキレもよい。

⌂ 辻善兵衛商店

つじぜんべえしょうてん

創業	1754年
住所	栃木県真岡市田町1041-1
杜氏	辻寛之
問	☎0285-82-2059

JUDGE'S C⬤MMENTS

香味のバランスがよい。米の旨みを上手く表現している。

フルーティーで軽快。キレがよく杯を重ねたくなる。

香りは穏やかで、味わいキレイ。軽快で上品、全体にまとまりがあり良好。

十四代

双虹

じゅうよんだい そうこう

高木酒造 たかぎしゅぞう
創業 1615年
住所 山形県村山市富並1826
杜氏 高木顕統 問 ☎0237-57-2131

1.8ℓ

フルーティーな味わいは空に架かる美しい虹の橋

兵庫県特A地区吉川町産の山田錦を原料米とし、斗瓶囲いによって自然に滴り来る雫を集めて氷温貯蔵した。吟醸香は優しく華やか。酸は少なく、なめらかな旨みを引き出している。後味もさわやかで、軽快。山形県の村山市富並にて江戸時代の初期に創業した高木酒造。辛口がブームとなった平成の初めの頃でも、フルーティーな味わいの酒を提供し続けてきた実績が、実を結んだ。

[DATA]
[使用米]山田錦
[精米歩合](麹)35%/(掛)35%
[アルコール度数]16度
[使用酵母]山形酵母
[価格]1万2,312円(1.8ℓ)
[販売期間]限定(年1回)
[販売方法]特約店

[TYPE]
[香り] ☑ リンゴ系 ☐ バナナ系 ☐ その他
[味] すっきり・・◆・・濃厚
[ガス感] ☐ あり ☑ なし
[推奨温度] ☑ 冷 ([0]-[5]-[10]-[15] 度) ☐ 常温 ☐ 燗

久慈の山

大吟醸

くじのやま だいぎんじょう

根本酒造 ねもとしゅぞう
創業 1603年
住所 茨城県常陸大宮市山方630
杜氏 菊池道郎 問 ☎0295-57-2211

720mℓ

さわやかな香りとすっきりとした味わいを両立

大吟醸特有の品格ある甘みと旨みを導き出すため、限定吸水による洗米など、原料処理の段階から綿密に取り組んだ。立ち上るすっきりとしたさわやかな香りと、口に含んだ際の芳醇な香りの両方が楽しめる。根本酒造の創業は1603年。以来、奥久慈（茨城県常陸大宮市）にて代を重ねること20代。自然豊かな久慈川水系から湧出するミネラル分豊富な名水を酒造りに使用している。

[DATA]
[使用米]山田錦
[精米歩合](麹)40%/(掛)40%
[アルコール度数]17度以上18度未満
[使用酵母]明利M310
[価格]5,000円(720mℓ)/1万円(1.8ℓ)
[販売期間]通年
[販売方法]一般流通、蔵元直売あり

[TYPE]
[香り] ☑ リンゴ系 ☐ バナナ系 ☐ その他
[味] すっきり・◆・・・濃厚
[ガス感] ☐ あり ☑ なし
[推奨温度] ☑ 冷 ([0]-[5]-[10]-[15] 度) ☐ 常温 ☐ 燗

石鎚

大吟醸 大雄峯

いしづち だいぎんじょう だいゆうほう

🏠 **石鎚酒造** いしづちしゅぞう

創業　1920年

住所　愛媛県西条市氷見丙402-3

杜氏　越智稔　　問　☎0897-57-8000

720mℓ

華やかにふくよかに—四国の最高峰、石鎚山の恵み

愛媛県西条市、石鎚山の麓に構える石鎚酒造。その醸す酒の大きな特徴となっているなめらかさやキレのよさ、華やかな吟醸香とふくよかな味わいが調和した。兵庫県の特A地区である吉川産の山田錦を35％まで精米し、袋吊り雫酒として、一滴一滴集めて詰めた逸品。食中酒として、鰻の蒲焼など濃厚で滋味深い料理との相性がよく、冷やして飲むとキメの細かさがより明確になる。

DATA

[使用米]山田錦
[精米歩合](麹)35%／(掛)35%
[アルコール度数]17〜18度
[使用酵母]自社酵母
[価格]5,000円(720mℓ)／1万円(1.8ℓ)
[販売期間]通年
[販売方法]特約店

TYPE

[香り]　☑ リンゴ系　☐ バナナ系　☐ その他
[味]　すっきり・・・◆・濃厚
[ガス感]　☐ あり　☑ なし
[推奨温度]　☑ 冷　（ 0 - **5** - 10 - 15 度 ）　☐ 常温　☐ 燗

太平山

大吟醸 壽保年

たいへいざん だいぎんじょう じゅほうねん

🏠 **小玉醸造** こだまじょうぞう

創業　1879年

住所　秋田県潟上市飯田川飯塚字飯塚34-1

杜氏　猿田修　　問　☎018-877-2100

720mℓ

成功に向けて常に新しく、一歩前を見据えて進む

山田錦を35％まで精米して醸し、大寒の時期に仕込んだ完全なる手造りの大吟醸。秋田流長期低温発酵によってもたらされた吟醸香と、淡麗にしてまろやかな味わいは、蔵人の技の結晶と言っても過言ではない。昭和初期、他に先駆けて冷酒専用の日本酒を展開するなど、進取の気性に富んだ小玉醸造。「成功急ぐべからず。準備おこたるべからず」をポリシーとして歩んできた伝統に乾杯。

DATA

[使用米]山田錦
[精米歩合](麹)35%／(掛)35%
[アルコール度数]17度
[使用酵母]自社酵母
[価格]5,200円(720mℓ)／1万円(1.8ℓ)
[販売期間]通年
[販売方法]一般流通、蔵元直売あり

TYPE

[香り]　☑ リンゴ系　☐ バナナ系　☐ その他
[味]　すっきり・・◆・・濃厚
[ガス感]　☐ あり　☑ なし
[推奨温度]　☑ 冷　（ 0 - 5 - **10** - 15 度 ）　☐ 常温　☐ 燗

但馬

大吟醸 極

たじま だいぎんじょう きわみ

⌂ 此の友酒造　このともしゅぞう
創業　1690年
住所　兵庫県朝来市山東町矢名瀬町508
杜氏　勝原誠　　問　☎079-676-3035

720mℓ

但馬杜氏の矜持が丁寧な酒造りの源。美酒を醸す伝統技

　但馬杜氏の伝統を継承する此の友酒造は、洗米から仕込みに至るまで、すべての工程で但馬と丹波の境にそびえる粟鹿山から流れ出る地下水を使用。兵庫県産の山田錦を38％精米し、手造り棚製麹法と、但馬杜氏流の低温長期発酵によって丁寧に醸した。蔵元の目指したのは、ワイングラスに注ぐのが似合う食前酒としての位置付け。華やかな吟醸香と豊かでコクのある味を特徴としている。

DATA

[使用米]山田錦
[精米歩合](麹)38%／(掛)38%
[アルコール度数]16度
[使用酵母]自社酵母
[価格]3,500円(720mℓ)／6,000円(1.8ℓ)
[販売期間]通年
[販売方法]一般流通、蔵元直売あり

TYPE

[香り]	□ リンゴ系　□ バナナ系	
	☑ その他(洋ナシ系)	
[味]	すっきり・・◆・・濃厚	
[ガス感]	□ あり　☑ なし	
[推奨温度]	☑ 冷　(❶ - ❺ - ❿ - ⓯ 度)	
	□ 常温　□ 燗	

帝松

大吟醸原酒

みかどまつ だいぎんじょうげんしゅ

⌂ 松岡醸造　まつおかじょうぞう
創業　1851年
住所　埼玉県比企郡小川町下古寺7-2
杜氏　松岡則夫　　問　☎0493-72-1234

720mℓ

地下深くのミネラル豊富な硬水が、最高の仕込み水に

　兵庫県吉川町の特A山田錦を38％に精白して使用。仕込み水は、秩父山系を源とし、石灰岩層で浄化された硬水を地下130mから汲み上げている。酵母の発育に必要な成分を多く含み、それがこの大吟醸の口当たりのなめらかさ、丸みを帯びた旨み、後味のよさに繋がっている。蓋麹法で造られた麹を用い、発酵室全体を冷蔵コントロール。徹底した衛生管理下で時間をかけて造られる。

DATA

[使用米]山田錦特A米
[精米歩合](麹)38%／(掛)38%
[アルコール度数]17度
[使用酵母]M310
[価格]5,000円(720mℓ)／1万円(1.8ℓ)
[販売期間]通年
[販売方法]一般流通、蔵元直売あり

TYPE

[香り]	□ リンゴ系　□ バナナ系	
	☑ その他(メロン系)	
[味]	すっきり・◆・・・濃厚	
[ガス感]	□ あり　☑ なし	
[推奨温度]	☑ 冷　(❶ - ❺ - ❿ - ⓯ 度)	
	☑ 常温　□ 燗	

燦爛
大吟醸雫酒
さんらん だいぎんじょうしずくざけ

⌂ 外池酒造店 とのいけしゅぞうてん
創業　1937年
住所　栃木県芳賀郡益子町大字塙333-1
杜氏　小野誠　　問　☎0285-72-0001

ワイングラスを用意して、繊細な魚介類と合わせたい

720mℓ

　洗米も手作業で行い、細かい温度管理が出来る箱麹法で麹を造り、低温長期発酵。酒袋に吊るし、自然に落ちた良質な部分だけを斗瓶に集めた大吟醸。雑味がなく、華やかでフルーティーな香りと、芳醇で奥深い含み香が調和したキレのある味わいに仕上がっている。ヒラメの昆布締め、ホタテ貝のワイン蒸し、アボカドと海老のサラダなど、白ワイン同様に繊細な魚介類との相性が抜群。

DATA

[使用米]山田錦
[精米歩合(麹)38%／(掛)38%
[アルコール度数]18度
[使用酵母]自社酵母
[価格]5,980円(720mℓ)
[販売期間]通年
[販売方法]一般流通、蔵元直売あり

TYPE

[香り]　☑リンゴ系　□バナナ系
　　　　□その他
[味]　　すっきり・・・◆・濃厚
[ガス感]　□あり　☑なし
[推奨温度]　☑冷（ ⓪ - ❺ - ⑩ - ⓯ 度 ）
　　　　　☑常温　□燗

南方
大吟醸 極撰
みなかた だいぎんじょう ごくせん

⌂ 世界一統 せかいいっとう
創業　1884年
住所　和歌山県和歌山市湊紺屋町1-10
杜氏　武田博文　　問　☎073-433-1441

知の巨人にゆかりの深い蔵元。テーマは「うまさの先へ」

720mℓ

　上品で華やかな香りと、口に含んだ時に広がる味のふくらみのハーモニーを楽しめるようにとイメージして仕上げられた。兵庫県産山田錦を精米歩合35％に磨き、時間をかけて醸された大吟醸。蔵人の研究熱心さは、紀州の偉人である博物学者・南方熊楠の父親が創業したというこの酒蔵の成り立ちにも求められる。蔵を「世界一統」と命名したのは、早稲田大学を創立した大隈重信。

DATA

[使用米]山田錦
[精米歩合(麹)35%／(掛)35%
[アルコール度数]16〜17度
[使用酵母]自社酵母
[価格]4,000円(720mℓ)／8,000円(1.8ℓ)
[販売期間]限定(年1回)
[販売方法]特約店、蔵元直売あり

TYPE

[香り]　☑リンゴ系　□バナナ系
　　　　□その他
[味]　　すっきり・・◆・・濃厚
[ガス感]　□あり　☑なし
[推奨温度]　☑冷（ ⓪ - ❺ - ⑩ - ⓯ 度 ）
　　　　　□常温　□燗

五神

大吟醸 山田錦

ごしん だいぎんじょう やまだにしき

五條酒造 ごじょうしゅぞう
創業　1924年
住所　奈良県五條市今井1-1-31
杜氏　松本晋二　　問　☎0747-22-2079

720mℓ

酒の神、ここに宿れり。少量生産のきめ細かな酒造り

上品でフルーティーな香りと、透明感のある滑らかな味わいを特徴とする辛口の大吟醸。40%に磨いた山田錦を使い、ゆっくりと丹精込めて仕込まれた。冷やしてワイングラスに注ぎ、単独の食前酒として飲むにもふさわしいキレを有すると同時に、刺身などさっぱりとした料理との相性もよい。大和盆地の南西に位置する奈良県五條市で大正末期に創業した蔵元の自信作。

DATA
[使用米]山田錦
[精米歩合](麹)40%／(掛)40%
[アルコール度数]17度
[使用酵母]1801号
[価格]3,100円(720mℓ)／6,800円(1.8ℓ)
[販売期間]通年
[販売方法]一般流通、蔵元直売あり

TYPE
[香り]　☑ リンゴ系　☐ バナナ系　☐ その他
[味]　すっきり・・◆・・濃厚
[ガス感]　☐ あり　☑ なし
[推奨温度]　☑ 冷 （[0] - **[5]** - [10] - [15] 度）　☐ 常温　☐ 燗

大観

限定大吟醸

たいかん げんていだいぎんじょう

森島酒造 もりしましゅぞう
創業　1869年
住所　茨城県日立市川尻町1-17-7
杜氏　森嶋正一郎　　問　☎0294-43-5334

720mℓ

低温発酵、氷温貯蔵による絶妙なバランス

じっくりと長期低温発酵し、搾りの後も低温で管理し、生詰め瓶燗をしてから氷温貯蔵庫でゆっくりと寝かせた「大観 限定大吟醸」。フレッシュな果実を想わせる華やかな香りと、優しい口当たり、優雅で気品あるふくよかな旨み、きれいな余韻を残して消えていく後味が楽しめる。透明感と重厚感、ややもすると相反するかのような感覚がバランスよく並び立つ逸品だ。

DATA
[使用米]山田錦
[精米歩合](麹)40%／(掛)40%
[アルコール度数]16度
[使用酵母]10号系
[価格]4,000円(720mℓ)／8,000円(1.8ℓ)
[販売期間]通年
[販売方法]特約店他

TYPE
[香り]　☑ リンゴ系　☐ バナナ系　☐ その他
[味]　すっきり・◆・・・濃厚
[ガス感]　☑ あり　☐ なし
[推奨温度]　☑ 冷 （[0] - [5] - **[10]** - [15] 度）　☐ 常温　☐ 燗

吟醸部門

——続いては「吟醸部門」。精米歩合50%以下、さらにアルコール添加により、華やかな香りが特徴の大吟醸酒が揃いました。「純米大吟醸部門」との違いはどこにあるのでしょうか?

**最高レベルの
大吟醸が揃う
華やかな部門**

浅野：これは俗に言う「出品酒※1」ですよね。純米大吟醸も同様のスペックで出品されているお酒が多く、この2つは比較的近いイメージ。

新澤：アルコール添加が得意な蔵が入っているのかな。より華やかに香るお酒ですしね。

廣木：「吟醸部門」でいうと、審査する僕たちも「酒コンペ」というより「鑑評会」だと思って取り組んでいます。食中酒としての考えは最初から頭にありません。実際の審査は出品酒がずらりと並んだ状態できき酒していくのですが、素朴な魅力ではなく、「美しく化粧している」ようなイメージのお酒がわかりやすい。この部門ではある程度香りもないと勝てないし、その上で自然な甘さのあるお酒が強いです。

新澤：いい部分がわかりやすい分、お酒に欠点があるとすぐに除外されてしまう部門でもありますね。審査した僕らもみんなお酒を造っているので、飲んだらすぐに「ここはミスしたかな」と分かるんですよ。明らかな欠点があれば、当然点数を下げざるを得ない。

※1出品酒　鑑評会、品評会などの特別なコンテストに出品するために造られる特別なお酒。市場に出回る量は限られている。

SAKE COMPETITION 2017 ／ 吟醸 部門

SAKE COMPETITION has the world
most number of entry and the competition
only for Japanese sake.

——それでは、どのようなお酒が上位に入賞しているのでしょうか？

「オーラ」のある
お酒だけが
入賞できる
——

廣木：SAKE COMPETITIONではまず予審で多くの蔵が落とされるのですが、審査した私の率直な感想をいえば、予審落ちしたお酒は、現状のままだと何度審査しても上位には入れないと思います。徹底してオフフレーバーがなく、香りがあり、そして酒質がすばらしい酒だけが予審を通ることができる。その中でさらにキラリと光るお酒だけが、ゴールド、シルバーを受賞できるのです。これは具体的な味のポイントというよりも、「オーラがある」といったような感覚的なレベルですね。

——3位に「三井の寿」が入賞しました。おめでとうございます。

数値を分析し、
狙った結果の
上位入賞
——

井上：ありがとうございます。これについては少し自己分析しているのですが、「吟醸部門」上位酒の共通点は1つ、アミノ酸度が「0.9以下」であることなんですよ。うちで造っているほとんどのお酒はそれに該当しないのですが、大吟醸はアルコール添加によってアミノ酸度を下げ、同時にキレイな味わいにしているんです。この大吟醸だけ特別に造っている、特別なお酒なのです。

新澤：井上さんは傾向を研究し、上位を取りにいってしっかり取ったというわけですね。

井上：そうなりますね（笑）。でも他の部門の方が自信あったんだけどなー。

発泡清酒
部門

Sparkling

今、日本酒の「乾杯酒」として世界から注目を集めている
「発泡清酒」部門が新設。心地よい泡とワインのように
軽やかな味わいは女性やビギナーにも人気。

GOLD　3点
SILVER　5点

エントリー総数　71点

出品酒について
・清酒ベースで飲用時に炭酸ガスを感じることができる活性清酒
・ガスボリュームは概ね3.0以上が目安
酒類の定義は「清酒」にかぎらず清酒ベースであれば出品可能。ただし以下は除く
※果実（果汁）・果実エキスを添加、使用したもの
※香料、酵母による天然色素以外の科学的着色料の添加があるもの
・審査はきき猪口ではなくワイン用テイスティンググラスで行う

RANK

1位

南部美人初の瓶内二次発酵に挑戦しゴールドの栄誉

720mℓ

DATA

[使用米]
ぎんおとめ
[精米歩合]
(麹)50%
(掛)50%
[アルコール度数]
14〜15度
[使用酵母]
M310
[価格]
5,000円(720mℓ)
[販売期間]
通年(2017年11月発売)
[販売方法]
一般流通、蔵元直売あり

TYPE

[香り]
☑ リンゴ系　☐ バナナ系
☐ その他
[味]
すっきり・◆・・・濃厚
[発泡方法]
☑ 瓶内二次発酵
☐ ガス充填
[推奨温度]
☑ 冷
(0 - 5 - 10 - 15 度)

南部美人

あわさけ スパークリング

なんぶびじん
あわさけ スパークリング

※1 瓶内二次発酵 成製された日本酒を瓶内で酵母により発酵をさせ、炭酸ガスを瓶内に閉じ込める方法。

　のコンペティションに今回から新設された「発泡清酒部門」。その記念すべき回のナンバー1にはこの1本が輝いた。現在10社前後が関わっている一般社団法人「awa酒協会」のメンバーでもある南部美人が初めてチャレンジした瓶内二次発酵※1のスパークリング。心地よい吟醸香、優しい口当たり、軽やかな発泡のさわやかさという特徴を存分に示しながら、後味にしっかりと米の旨みが残るバランスのよさは特筆に値する。awa酒協会が目指し、規定した「瓶内二次発酵で、濁らず透明、シャンパンと同じ強いガス気圧で、グラスに注いだ時にシャンパンと同じように一筋の泡が絶え間なく立ち上るスパークリング」などの条件をクリア。発泡清酒は、今後ますます注目を浴びるカテゴリーになる。

南部美人
なんぶびじん

創業　1902年
住所　岩手県二戸市
　　　福岡字上町13
杜氏　松森淳次
問　　☎0195-23-3133

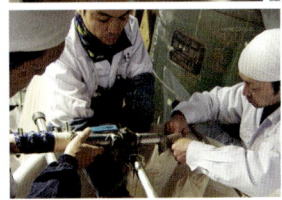

JUDGE'S COMMENTS

穏やかな香り、やわらかくキメの細かい泡立ち、そしてなめらかな口当たり。豊かな余韻のバランスに優れている。

ナチュラルなガス感と、清酒としての完成度が高い。

味わいはキレイ。泡のきめ細かさはNO.1。

RANK

2位

日本酒の可能性が拡大

新しい感性が生んだ

軽やかな爽快感

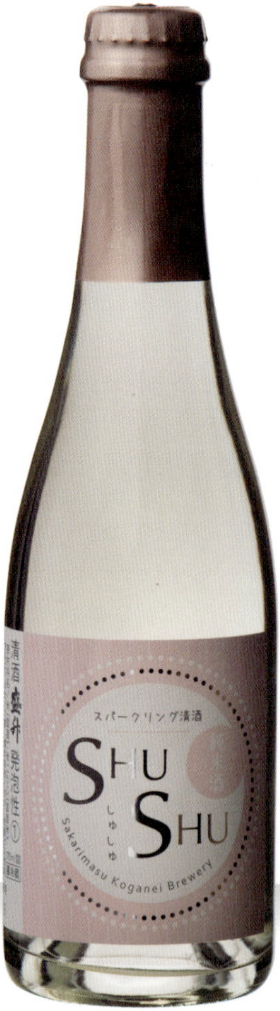

375mℓ

DATA

[使用米]
アキヒカリ
[精米歩合]
(麹)70%
(掛)70%
[アルコール度数]
7度
[使用酵母]
1801号
[価格]
600円(375mℓ)
[販売期間]
通年
[販売方法]
一般流通、蔵元直売あり

TYPE

[香り]
☑ リンゴ系　☐ バナナ系
☐ その他
[味]
すっきり・・・◆・濃厚
[発泡方法]
☐ 瓶内二次発酵
☑ ガス充填
[推奨温度]
☑ 冷
(⓪ - ❺ - ⑩ - ⑮ 度)

SHU SHU

発泡清酒

シュシュ
はっぽうせいしゅ

　一段仕込みによって濃厚で酸の強い原酒を製造することで、スパークリング酒に至るためのガスを添加しても、味わい豊かでバランスのよい酒質を保つことに成功した。さっぱりとした甘酸っぱさと、シュワシュワとした炭酸の爽快感が心地よい。軽やかな音の響きのネーミングや可愛らしく斬新なラベルデザインも合わせ、新感覚の日本酒としてマーケットの領域を広げる可能性に富んだ酒に仕上がっている。グラスに注げば細かな泡が立ち上る。ガス感は控えめで、米の旨みを感じさせる優しい甘さが印象深い。江戸時代後期の文政元年に相模の地で創業し、200年近い歴史を刻んできた黄金井酒造。東丹沢七沢温泉郷に湧き出る豊かな伏流水を仕込み水に、技術に裏打ちされた洗練の美が花を開かせた。

⌂ **黄金井酒造**
こがねいしゅぞう

創業　1818年
住所　神奈川県厚木市
　　　七沢769
杜氏　飯塚栄治
問　☎046-248-0124

JUDGE'S COMMENTS

しっかりとしたボディ感があり、発泡は穏やかではあるが力強い。食中酒としての適性も感じられる。

ふくらみある味が特徴的。酸とのバランスもよく思える。

酸のバランスがよい。

RANK

3位

鈴の音のように
可憐で、軽やかに
弾む味、弾む心

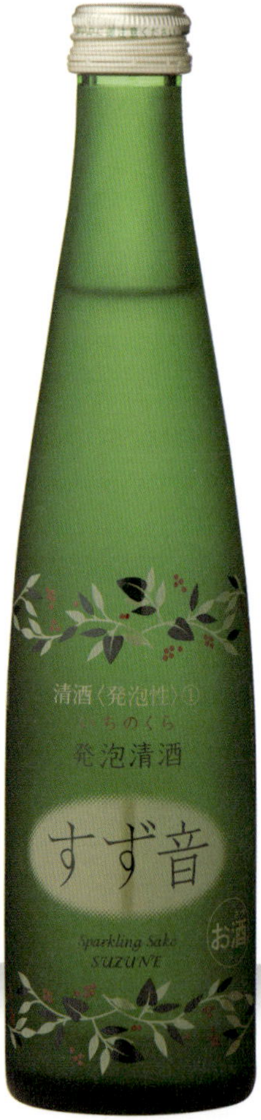

300mℓ

DATA

[使用米]
トヨニシキ
[精米歩合]
(麹)65%
(掛)65%
[アルコール度数]
5度
[使用酵母]
非公開
[価格]
715円(300mℓ)
[販売期間]
通年
[販売方法]
県内酒販店、日本名門酒会加盟店

TYPE

[香り]
☐ リンゴ系　☐ バナナ系
☑ その他(マスカット系／柑橘系)
[味]
すっきり・・◆・・濃厚
[発泡方法]
☑ 瓶内二次発酵
☐ ガス充填
[推奨温度]
☑ 冷
(⓪ - ❺ - ⑩ - ⑮ 度)

一ノ蔵

発泡清酒 すず音

いちのくら
はっぽうせいしゅ すずね

開 栓し、グラスに注げば、淡雪のように薄い白色が広がり、その底から繊細な泡が立ち上る。そこからは、涼しげな鈴の音が奏でられてくるようでもあることから「すず音」と名付けられた。瓶内二次発酵によって生み出される自然の炭酸ガスがもたらす泡は、口の中でプチプチと優しく弾け、さわやかさをアピールする。米の優しい味わいの中にやわらかな甘酸っぱさが見え隠れし、ゆっくりと広がる。のどごしは滑らかで、アルコール度も5％と低めに抑えられているため、あまりお酒に強くない人にも親しみやすい仕上がりとなっている。

　この「すず音」は伝統的な日本酒の醸造発酵技術を応用しつつ、新たな飲み手の心に届く、自由な発想で楽しい日本酒シーンを生み出した。

⌂ **一ノ蔵**
いちのくら

創業　1973年
住所　宮城県大崎市
　　　松山千石字大欅14
杜氏　門脇豊彦
問　　☎0229-55-3322

JUDGE'S COMMENTS

さわやかで瑞々しい。きめ細かな泡が軽快感を醸し出し、すっきりと飲みやすい味わい。

引込み時の香りと味の調和が絶妙。飲み慣れた爽快感を感じる。

誰もが納得するバランスよい香り・酸・ガス感。

あたごのまつ
スパークリング
あたごのまつ スパークリング

🏠 **新澤醸造店** にいざわじょうぞうてん
創業　1873年
住所　宮城県大崎市三本木字北町63
杜氏　新澤巖夫　　問　☎0229-52-3002

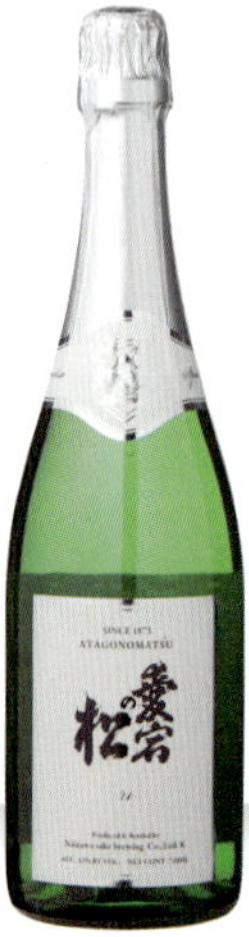

720mℓ

乾杯の1杯に、料理のパートナーに。主役であり名脇役

あくまでも「日本酒らしさ」を大切にし、過剰な甘さや酸に頼らないスパークリング。立ち上るキメの細かい泡は、華やいだ気分と心地よい時間を演出してくれる。爽快な飲み口と、飽きのこない味わいは、乾杯の1杯としての任を受け持つのはもちろん、和洋中、いずれの料理にもマッチする食中酒としての役割も果たす。きっちり冷やして背の高いシャンパングラスに注ぐのがよい。

[DATA]
[使用米]蔵の華
[精米歩合](麹)55%／(掛)55%
[アルコール度数]13度
[使用酵母]宮城酵母
[価格]1,810円(720mℓ)
[販売期間]通年
[販売方法]特約店

[TYPE]
[香り]　☐ リンゴ系　☑ バナナ系　☐ その他
[味]　すっきり ◆・・・・ 濃厚
[発泡方法]　☐ 瓶内二次発酵　☑ ガス充填
[推奨温度]　☑ 冷　(0 - **5** - 10 - 15 度)

ねね
発泡純米酒
ねね はっぽうじゅんまいしゅ

🏠 **酒井酒造** さかいしゅぞう
創業　1871年
住所　山口県岩国市中津町1-1-31
杜氏　仲間史彦　　問　☎0827-21-2177

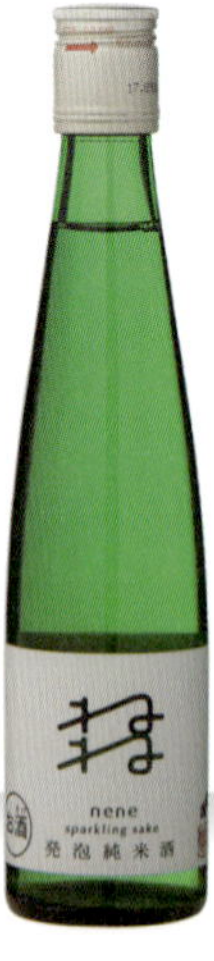

300mℓ

ほのかな甘みと、さわやかな酸が優しく弾ける

「日本酒ビギナーの方にも抵抗なく親しんでもらえるように」との蔵元の考えから生み出された。瓶内二次発酵による自然な炭酸ガスを封じ込めた、薄にごりの発泡純米酒。「日本酒らしさ」にとらわれることなく、ほのかな甘み、さわやかな酸が調和し、軽やかで涼味あふれる味を実現させた。美しい形状をした錦帯橋で知られる山口県岩国の地で明治初期に蔵を構えた酒井酒造の技が光る。

[DATA]
[使用米]日本晴
[精米歩合](麹)70%／(掛)70%
[アルコール度数]5度
[使用酵母]901号
[価格]700円(300mℓ)
[販売期間]通年
[販売方法]一般流通、蔵元直売あり

[TYPE]
[香り]　☐ リンゴ系　☐ バナナ系　☑ その他(マスカット系)
[味]　すっきり・・・◆・濃厚
[発泡方法]　☑ 瓶内二次発酵　☐ ガス充填
[推奨温度]　☑ 冷　(0 - **5** - 10 - 15 度)

泡泉花

ほうせんか

⌂ **武重本家酒造** たけしげほんけしゅぞう
創業　1868年前後
住所　長野県佐久市茂田井2179
杜氏　依田竜也　　問　☎0267-53-3025

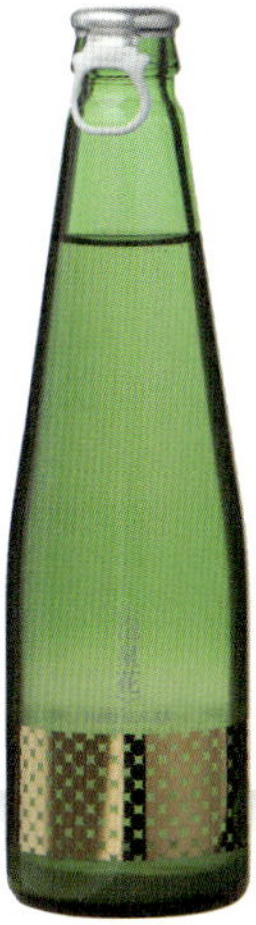

300mℓ

日本酒ビギナーにも最適の低アルコール発泡清酒

米と米麹だけで造られた微発泡のスパークリング。やわらかな甘みと酸のバランスを両立した、口当たりのよさを特徴としている。「泡泉花」という絶妙なネーミングに加え、アルコール度数も4%と低く抑えているため、日本酒に馴染みのない人にも親しみやすい仕上がりとなっている。開業1868（明治元）年前後の武重本家酒造。その建造物30棟は、国の登録有形文化財でもある。

[DATA]
[使用米]一般米
[精米歩合]（麹）70%／（掛）70%
[アルコール度数]4度
[使用酵母]901号
[価格]680円（300mℓ）
[販売期間]通年
[販売方法]一般流通、蔵元直売あり

[TYPE]
[香り]　☑ リンゴ系　☐ バナナ系　☐ その他
[味]　すっきり・◆・・・濃厚
[発泡方法]　☑ 瓶内二次発酵　☐ ガス充填
[推奨温度]　☑ 冷（⓪ - ❺ - ⑩ - ⑮ 度）

武蔵野スパークリング リジエール

むさしのスパークリング リジエール

⌂ **麻原酒造** あさはらしゅぞう
創業　1882年
住所　埼玉県入間郡越生町上野2906-1
杜氏　糸魚川有紀　　問　☎049-298-6010

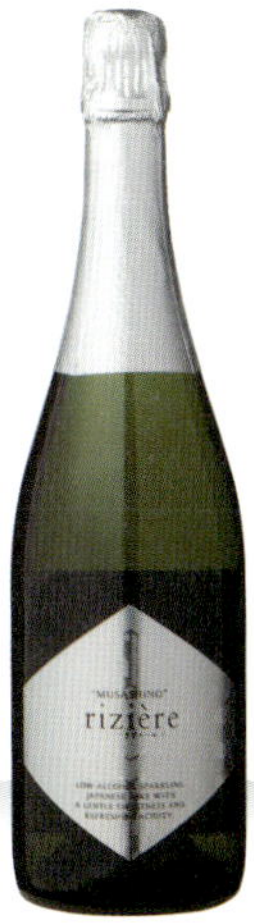

720mℓ

ひと口飲めば、美田の広がるさわやかな清涼の地へ

リジエールとは「田んぼ」を意味するフランス語。ほどよい甘みと酸を持たせた日本酒に炭酸ガスを注入することで、軽快な口当たりと日本酒のおいしさを合わせて楽しめるスパークリングに仕上がった。リンゴのようなさわやかな風味があり、甘酸っぱさが口中に広がる。アルコール度数が8度と控えめのため、普段あまり日本酒を飲まない人でも気軽に楽しめる。

[DATA]
[使用米]山田錦
[精米歩合]（麹）70%／（掛）70%
[アルコール度数]8度
[使用酵母]自社酵母
[価格]1,850円（720mℓ）
[販売期間]通年
[販売方法]特約店、蔵元直売あり

[TYPE]
[香り]　☑ リンゴ系　☐ バナナ系　☐ その他
[味]　すっきり・◆・・・濃厚
[発泡方法]　☐ 瓶内二次発酵　☑ ガス充填
[推奨温度]　☑ 冷（⓿ - ⑤ - ⑩ - ⑮ 度）

出羽鶴
スパークリング日本酒「明日へ」
でわつる スパークリングにほんしゅ あしたへ

⌂ **秋田清酒** あきたせいしゅ
創業　1865年
住所　秋田県大仙市戸地谷字天ヶ沢83-1
杜氏　佐渡高智　　問　☎0187-63-1224

クリアな瓶内二次発酵ガス圧6バールと高い本格派

720mℓ

秋田清酒がある大曲仙北外地区で契約栽培された酒造好適米「秋田酒こまち」と「AKITA雪国酵母酵母（UT-1）」を使った、完全に澄んだスパークリング酒。通常、瓶内二次発酵するためには酵母を含んだ澱が必要だが、この「明日へ」は発酵後に澱を取り去って、澄んだ部分のみを詰めるという技術を取り入れた。アルコール度数は13度台で日本酒度は＋9。シャープ＆ドライな味わいだ。

DATA

[使用米]秋田酒こまち
[精米歩合]（麹）55%／（掛）55%
[アルコール度数]13度
[使用酵母]AKITA雪国酵母（UT-1）
[価格]5,000円（720mℓ）
[販売期間]通年
[販売方法]特約店

TYPE

[香り]　　　☑ リンゴ系　□ バナナ系
　　　　　　□ その他
[味]　　　　すっきり ◆・・・・ 濃厚
[発泡方法]　☑ 瓶内二次発酵
　　　　　　□ ガス充填
[推奨温度]　☑ 冷　（ ❺ - ❺ - ❿ - ⓯ 度 ）

特別参加

永井則吉
（永井酒造）

「水芭蕉」ブランド
で知られる群馬県の
蔵元であり、発泡清
酒を世界に広めるた
めに発足した「awa
酒協会」の代表理事
も務める。

[審査員座談会⑤]

発泡清酒部門

——今回新設された「発泡清酒部門」では、awa酒協会の代表理事である永井酒造の永井則吉さんにも参加していただきます。

「瓶内二次発酵」の発泡清酒が1位を受賞

永井：よろしくお願いします。初めての審査でしたが、「瓶内二次発酵」のお酒が上位に入っていてよかったと思います。新澤さんの「ガス充填」ももちろんいいのですが……。

新澤：いえ、気になさらずなんでもおっしゃってください（笑）。

永井：協会としては、シャンパンやカヴァなどの世界の泡と勝負するところを目指しています。だから世界的にも評価されている「瓶内二次発酵」は、とても重要なのです。

新澤：うちの発泡清酒はシルバーだったのですが、「瓶内二次発酵」が絶対にくると思っていたので、ガスでどこまで行けるかなっていう思いもありました（笑）。僕もきき酒したのですが、アルコール度数の幅もかなりありましたよね。

永井：10%もアルコール度数が違うお酒が並ぶ部門は他にありません。今回はガス圧の表示もなくすべてランダムで評価していました。発泡清酒を買うお客様は泡に対する期待感があるので、ガスの「質」も一度議論したほうがいいと思う。これからの課題ですね。

SAKE COMPETITION 2017 ／ 発泡清酒 部門

SAKE COMPETITION has the world
most number of entry and the competition
only for Japanese sake.

浅野：ガスの封入方法によってジャンルを分けてもいいんじゃないですか？　「瓶内二次発酵」はそれだけ手間がかかっているから、その分評価してもいいと思いますよ。

——永井さんと新澤さんの他にも発泡清酒を作っている方はいらっしゃいますか？

「泡」の進化は日本酒の発展に欠かせない

井上：僕の蔵では「瓶内二次発酵」で造っています。ただし地元限定ですけど。

浅野：私も若い頃から興味があり勉強もしていたのですが……いろいろ事情があって着手できていません。発泡清酒は値段も高いし、まだシャンパンほど確立されていませんからね。でも、やるならクラシックなシャンパン製法を踏襲して造りたい。酒造業界で「泡は面白い」と感じている人は多いんですよ。

廣木：日本酒の発展には多様化が必須だと私は考えているのですが、泡のお酒にはその可能性があると思う。発泡清酒はまさに時代の先端にあるお酒ではないでしょうか。

新澤：来年、この部門の出品数は圧倒的に増えると思いますよ。5年後くらいにはもう話題にならないくらい当たり前の存在になっているんじゃないですかね。

廣木：造り手もそうですが、評価する審査も進化していくことが必要。今回が「発泡清酒部門」の最初の一歩。awa協会の会長に審査していただいたのは本当に意義があったと思います。

永井：皆様にご配慮いただき、うれしいかぎりです。本当にありがとうございました。

Super Premium
部門

味わいはもちろん価格でも他の酒類に勝る、
「究極の日本酒」が競い合う。世界における
日本酒の地位向上を目指す部門だ。

GOLD　　3点
SILVER　4点

エントリー総数	62点

出品酒について
・容量720mℓで小売価格が1万円以上、1.8ℓで1万5,000円（ともに外税）以上の清酒
・ブラインドによる酒質審査8：ラベルや化粧箱などのパッケージ2とし、総合的に審査する
・審査は外国人のゲスト審査員で実施する

RANK

1位

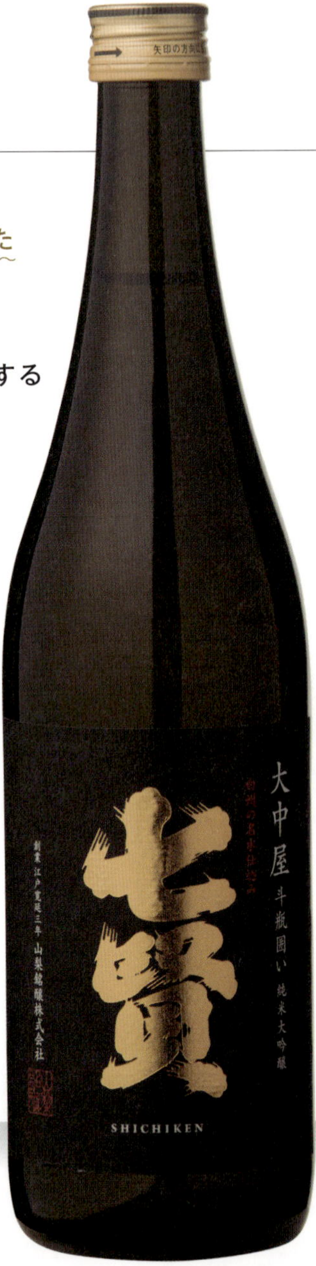

720mℓ

滴る雫を受け止めた華やかな香りと優しい甘みが調和する

DATA

[使用米]
山田錦
[精米歩合]
(麹)37%
(掛)37%
[アルコール度数]
17度
[使用酵母]
1801号、901号
[価格]
9,000円(720mℓ)
1万8,000円(1.8ℓ)
[販売期間]
通年
[販売方法]
一般流通、蔵元直売あり

TYPE

[香り]
☑ リンゴ系　☐ バナナ系
☐ その他
[味]
すっきり・・・◆・濃厚
[ガス感]
☐ あり　☑ なし
[推奨温度]
☑ 冷
(⓪ - ⑤ - ⑩ - ⑮ 度)
☐ 常温　☐ 燗

七賢

大中屋 斗瓶囲い 純米大吟醸

しちけん
おおなかや とびんがこい じゅんまいだいぎんじょう

本名水百選に選ばれた白州・甲斐駒ケ岳の天然水で醸す唯一の酒蔵として、その清澄な水のポテンシャルを最大限に生かしている。酒造好適米・山田錦を37％まで磨き上げたのをはじめ、各工程で徹底した大吟醸造りにこだわった。搾りは無加圧。醪が入った酒袋を吊るし、ゆっくりと自然にしたたり落ちる一滴一滴をタンクで受けて、ガラス製の一斗瓶（18リットル）に貯める方法で造られる。雫を貯めることから「雫酒」と呼ばれるタイプ。この搾り方は「袋吊り」「斗瓶取り」「斗瓶囲い」とも呼ばれる。華やかな香り、口に含んだときのやわらかく優しい甘みを特徴とし、瑞々しい後味をもたらしてくれる。日本酒の精華ともいえる味わいは、この部門のゴールドナンバー1に輝くにふさわしい。

山梨銘醸

やまなしめいじょう

創業	1750年
住所	山梨県北杜市白州町台ケ原2283
杜氏	北原亮庫
問	☎0551-35-2236

RANK

2 位

精米歩合20%の挑戦

新境地を開拓し

辿り着いた傑作の誕生

TYPE

[香り]
☑ リンゴ系　□ バナナ系
□ その他
[味]
すっきり ◆・・・・濃厚
[ガス感]
□ あり　☑ なし
[推奨温度]
☑ 冷
（ ⓪ - ⑤ - ⑩ - ⑮ 度 ）
□ 常温　□ 燗

720mℓ

KIWAMI HIJIRI JUNMAI-DAI-GINJO

"Tenka no shisei" is sense-line Sake made from the Omachi rice which is produced in Okayama. Extremely polished up to 20%.

DATA

[使用米]
雄町
[精米歩合]
（麹）20%
（掛）20%
[アルコール度数]
16度
[使用酵母]
1801号
[価格]
1万5,000円（720mℓ）
3万円（1.8ℓ）
[販売期間]
限定（年1回）
[販売方法]
特約店、蔵元直売あり

極聖

純米大吟醸 天下至聖

きわみひじり
じゅんまいだいぎんじょう てんかのしせい

精　米歩合20％の雄町を使用した純米大吟醸。雄町は大粒で心白が大きな球状であるため、それまでの精米技術ではせいぜい38％前後までが限界だった。宮下酒造では新たに開発された最新鋭の精米機を採用し、極限に迫る精米を依頼。精米歩合20％まで原形精白することに成功。これは雄町としては初めてとなる試みだ。雑味の元になりかねないタンパク質や脂質の部分を取り除き、新境地の味わいのお酒に仕上がっている。華やかな香りとキレイな味わいを両立すべく、日々の研究と実践を重ねてきたことが今回の受賞に結びついた。「天下至聖」とは最高の徳性をそなえた聖人という意味であり、中国では聖人は時に清酒のことを指す。天にも通じる最高の清酒という命名も意味深い。

宮下酒造

みやしたしゅぞう

創業	1915年
住所	岡山県岡山市中区西川原184
杜氏	岡﨑達郎
問	☎086-272-5594

SAKE COMPETITION 2017 　／　Super Premium 部門　／　● GOLD 受賞

SAKE COMPETITION has the world
most number of entry and the competition
only for Japanese sake.

RANK

3 位

伊達家62万石の御用蔵の

格式と品格と暖簾を

体現した酒

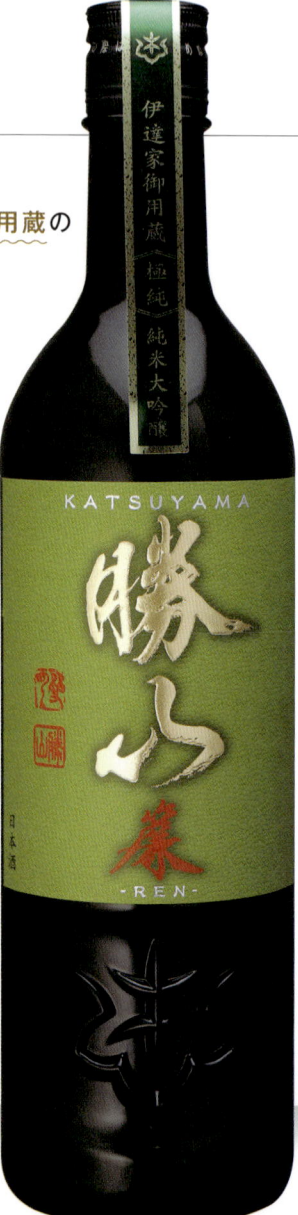

720ml

DATA

[使用米]
山田錦
[精米歩合]
(麹)35%
(掛)35%
[アルコール度数]
16度
[使用酵母]
宮城酵母
[価格]
1万円(720mℓ)
[販売期間]
通年
[販売方法]
特約店、蔵元直売あり

TYPE

[香り]
☑ リンゴ系　□ バナナ系
□ その他
[味]
すっきり・◆・・・濃厚
[ガス感]
□ あり　☑ なし
[推奨温度]
☑ 冷
(⓿ - ❺ - ❿ - ⓯ 度)
□ 常温　□ 燗

勝山

「簾」純米大吟醸

かつやま
れん じゅんまいだいぎんじょう

現存する唯一の仙台伊達家御酒御用蔵として仙台を代表する勝山蔵元の伊澤家は仙台では知らぬ人がいない名門であり、その320余年にわたる「暖簾」を意識したSUPER PREMIUMにふさわしい勝山の高級酒が「簾」である。勝山は「懸けしぼり」や「暁」や「ダイアモンド暁」などのハイエンドの銘酒を世に送り出し「高級酒」に先鞭をつけ日本酒市場をリードしてきた蔵として知られている。今回の受賞酒は勝山の新作で、兵庫みらい農協特A地区山田錦の米の旨みと強さを表現するために最適とされる35％精米にて丁寧で精緻な造りによる理想的な発酵を行い、芳醇な醪のエッセンスを抽出した純米大吟醸酒。華やかに立ちのぼる洗練された香りと透明感がある豊かな旨みの調和とバランスのよさが秀逸。

仙台伊澤家 勝山酒造

せんだいいさわけ かつやましゅぞう

創業	1688年
住所	宮城県仙台市泉区福岡字二又25-1
杜氏	後藤光昭
問	☎022-348-2611

作
智 純米大吟醸 滴取り
ざく さとり じゅんまいだいぎんじょう しずくどり

清水清三郎商店
しみずせいざぶろうしょうてん
創業 1869年
住所 三重県鈴鹿市若松東3-9-33
杜氏 内山智広 問 ☎059-385-0011

750mℓ

手間を惜しまず、高品質ですっきりとした透明感を探求

鈴鹿山脈の清冽な伏流水と、精米歩合40%の山田錦を使い、低温でゆっくりと醸した。醪を入れて吊るした小袋から、余分な力を一切加えずにしたたり落ちる滴だけを斗瓶に集め、さらに理想の1本を選び出して瓶詰め。ひたすら究極の透明感を求めるために施された手間のかかる工程によって、華やかな香りとすっきりとした切れのある味わい、美しい余韻が特徴の純米大吟醸となった。

DATA
[使用米]山田錦
[精米歩合](麹)40%/(掛)40%
[アルコール度数]16度
[使用酵母]自社酵母
[価格]1万5,000円(750mℓ)
[販売期間]通年
[販売方法]特約店

TYPE
[香り] ☐ リンゴ系 ☐ バナナ系 ☑ その他(花系)
[味] すっきり ◆・・・・ 濃厚
[ガス感] ☐ あり ☑ なし
[推奨温度] ☑ 冷 (0 - **5** - 10 - 15 度) ☐ 常温 ☐ 燗

南部美人
純米大吟醸 三年熟成古酒
なんぶびじん じゅんまいだいぎんじょう さんねんじゅくせいこしゅ

南部美人 なんぶびじん
創業 1902年
住所 岩手県二戸市福岡字上町13
杜氏 松森淳次 問 ☎0195-23-3133

720mℓ

岩手県二戸市を本拠地に、海外にも知れ渡る蔵元から

南部美人のラインアップの中でも最高峰に位置する、低温熟成3年を数える限定酒。急ぐことのない熟成期間を設けることによって、上品で落ち着いた香りと、深みのあるまろやかな味、奥深い吟醸香がバランスよく調和した純米大吟醸となった。麹の風味を大切にする南部杜氏の伝統を守るとともに、海外でも「サザンビューティー」の名称で親しまれる南部美人の真骨頂がここにある。

DATA
[使用米]山田錦
[精米歩合](麹)35%/(掛)35%
[アルコール度数]16～17度
[使用酵母]M310
[価格]7,500円(720mℓ)/1万5,000円(1.8ℓ)
[販売期間]限定(年1回)
[販売方法]特約店、蔵元直売あり

TYPE
[香り] ☑ リンゴ系 ☐ バナナ系 ☐ その他
[味] すっきり・・◆・・濃厚
[ガス感] ☐ あり ☑ なし
[推奨温度] ☑ 冷 (0 - 5 - 10 - **15** 度) ☑ 常温 ☐ 燗

一代

弥山 大吟醸 雫酒

いちだい みせん だいぎんじょう しずくさけ

中国醸造 ちゅうごくじょうぞう

創業　1918年

住所　広島県廿日市市桜尾1-12-1

杜氏　油田昌樹

問　☎0829-32-2113

720mℓ

華やかな吟醸香、米本来の旨みと甘みを併せ持つ

自然にしたたり落ちる雫の中汲み部分だけを氷温斗瓶囲いした大吟醸。華やかで、果実を想わせる香り。米本来のふくよかな旨みと甘み。それらをしっかりと表現しながら、キレと後味のよさを併せ持つ、飲み飽きない奥深さを特徴としている。日本三景に数えられる広島県宮島の対岸にある中国醸造。中国山地から湧き出る清澄な岩清水もこの高品質な酒を生み出した要素となっている。

DATA

[使用米]山田錦
[精米歩合](麹)35%／(掛)35%
[アルコール度数]17度
[使用酵母]1801号+1901号混醸
[価格]3万円(720mℓ)
[販売期間]限定(受注生産)
[販売方法]特約店、蔵元直売あり

TYPE

[香り]　☑ リンゴ系　☐ バナナ系　☐ その他
[味]　すっきり・・・◆・濃厚
[ガス感]　☐ あり　☑ なし
[推奨温度]　☑ 冷　(0 - 5 - 10 - 15 度)　☐ 常温　☐ 燗

米鶴

純米大吟醸 天に舞う鶴の輝き 袋取り

よねつる じゅんまいだいぎんじょう てんにまうつるのかがやき ふくろどり

米鶴酒造 よねつるしゅぞう

創業　1704年

住所　山形県東置賜郡高畠町二井宿1076

杜氏　須貝智　　問　☎0238-52-1130

720mℓ

空に羽ばたく鶴の姿は、めでたき幸と縁起のよさの象徴

山形県産の酒造好適米「雪女神」を35%精米した純米大吟醸。全工程、米鶴の杜氏による手造りで丹念に仕込まれ、木綿袋取りの雫酒として仕上げられた。フルーティーな香りと、やわらかくなめらかな口当たり、透明感のあるクリアな味わいが特徴。地元農家と協力した米作りから、トータルで酒造りを見据え、徹底した品質本位のポリシーを掲げる米鶴酒造の取り組みが反映されている。

DATA

[使用米]雪女神
[精米歩合](麹)35%／(掛)35%
[アルコール度数]16度
[使用酵母]山形酵母
[価格]1万5,000円(720mℓ)
[販売期間]限定(年1回)
[販売方法]特約店

TYPE

[香り]　☑ リンゴ系　☐ バナナ系　☐ その他
[味]　すっきり・・◆・・濃厚
[ガス感]　☐ あり　☑ なし
[推奨温度]　☑ 冷　(0 - 5 - 10 - 15 度)　☐ 常温　☐ 燗

ラベルデザイン部門

Label Design

実行委員を務める中田英寿氏の発案によって新設された部門。
瓶を目にする多くの人に訴えかける、デザイン性に優れた
ラベルデザインのトップ10を選出した。

エントリー総数	285点	GOLD　　10点

特別審査員
- 審査委員長：水野学（good design company）
- 審査員：村上雅士（emuni）
- 審査員：鈴木啓太（PRODUCT DESIGN CENTER）

出品酒について
- 表ラベル面のみのデザインで審査する
- 2016年7月1日～2017年12月31日までの期間に販売実績がある、または予定のある清酒に限る
- 2017年4月30日までに商品名やボトルを含む外見が完成している清酒に限る

1 位

越後鶴亀 越王 純米大吟醸

えちごつるかめ こしわ じゅんまいだいぎんじょう

酒造名　越後鶴亀
創業　　1890年
住所　　新潟県新潟市西蒲区竹野町2580
問　　　☎0256-72-2039

新しい越後鶴亀をアピールするため、4年前に若手デザイナーを起用して一新。シンプルな中にも高級感を出すためにインクにこだわり、何層にもわけて印刷して深みのある色を表現した。このロゴは純米大吟醸のほか季節限定商品など幅広く使用している。

2 位

山形正宗 お燗純米

やまがたまさむね おかんじゅんまい

酒造名　水戸部酒造
創業　　1898年
住所　　山形県天童市原町乙7
問　　　☎023-653-2131

有名銘柄「山形正宗」から、艶と遊び心あふれるラベルが登場。お燗をゆっくり飲んで、身も心も温かくなってほしいという願いが込められている。イメージはルネサンス期の画家・ボッティチェリと80年代のギャグ漫画『シェイプアップ乱』の融合だそう。

3 位

宮寒梅 EXTRA CLASS 純米大吟醸 三米八旨

みやかんばい エクストラ クラス じゅんまいだいぎんじょう さんまいはっし

酒造名	寒梅酒造
創業	1957年
住所	宮城県大崎市古川柏崎字境田15
問	☎0229-26-2037

商品コンセプト「咲き乱れる旨みと無限大に広がる可能性」を、「ハ」をモチーフにした末広がりな形状に込めた。ユニークな形状は寒梅酒造のお酒造りに対する遊び心の表れでもある。書は宮寒梅のロゴなどを長年担当している書家・だんきょうこ氏のもの。

4 位

酔鯨 純米吟醸 高育54号

すいげい じゅんまいぎんじょう こういく54ごう

酒造名	酔鯨酒造
創業	1969年
住所	高知県高知市長浜566-1
問	☎088-841-4080

「ENJOY SAKE LIFE」をテーマに世界中で愛される日本酒を目指す酔鯨酒造。本作は酔鯨の象徴である「クジラ」の尻尾のモチーフを、日本の伝統的な「カブト」になぞらえてデザイン。誰が見ても酔鯨とわかる、シンプルでシンボリックなラベルとなった。

5 位 富久錦 純米吟醸 播磨路

ふくにしき じゅんまいぎんじょう はりまじ

酒造名　富久錦
創業　　1839年
住所　　兵庫県加西市三口町1048
問　　　☎0790-48-2111

「播州でしかできない唯一無二の酒」をテーマに醸す「富久錦」。ラベルデザインは四季折々の表情を見せる播州平野の風景を表現した。食事とともに味わってほしいという考えから、食卓で映える白が基調。和洋問わず、テーブルの上で絶妙な存在感を放つ。

6 位 山の井 白

やまのい しろ

酒造名　会津酒造
創業　　1688年頃
住所　　福島県南会津郡南会津町永田字穴沢603
問　　　☎0241-62-0012

かつて会津酒造で造られていた伝統ブランド「山の井」の復活商品。伝統を守りながらも現代に合った洗練さを表現するため、書体は以前のままに、思い切ったカラーとレイアウトで一新した。全面が真っ白なデザインは本部門の中でも特に印象的だ。

7 位 三好 純米吟醸
みよし じゅんまいぎんじょう

酒造名 阿武の鶴酒造
創業 1915年（推定）
住所 山口県阿武郡阿武町奈古2796
問 ☎0838-82-2003

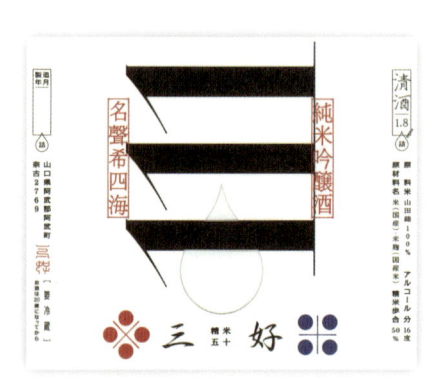

33歳の杜氏・三好隆太郎氏考案のラベル。印象的な「三」の文字は日本酒にとって重要な数字で、「麹・米・水」の3原料、「売り手・書いて・世間」の3要素を表している。中央の雫には「一滴ずつ香り、最後まで楽しんでほしい」と願いが込められている。

8 位 金水晶 純米大吟醸生原酒
きんすいしょう じゅんまいだいぎんじょうなまげんしゅ

酒造名 金水晶酒造店
創業 1895年
住所 福島県福島市松川町字本町29
問 ☎024-567-2011

明治天皇の行幸に献上された金と水晶が採れる山の水で造り始めたことに由来する「金水晶」。金を▲、水を▶、晶を●の組み合わせで表したラベルは福島市唯一の酒蔵という独自性を表現。東日本大震災からの復興を願い、有志によりデザインされた。

9 位 **MUSASHI** 純米大吟醸
ムサシ じゅんまいだいぎんじょう

酒造名　車多酒造
創業　　1823年
住所　　石川県白山市坊丸町60-1
問　　　☎076-275-1165

「天狗舞」で知られる車多酒造が放送作家の小山薫堂氏のプロデュースを受けて醸した純米大吟醸。銘柄名でもある二刀流の達人・宮本武蔵の刀の鍔をイメージしており、石川県の特産である純金箔をあしらった。あえて飾らない本物の輝きに圧倒される。

10 位 **雪男** 純米酒
ゆきおとこ じゅんまいしゅ

酒造名　青木酒造
創業　　1717年
住所　　新潟県南魚沼市塩沢1214
問　　　☎025-782-0012

長年地元で親しまれてきたブランド「雪男」が「銘柄名のないラベル」に驚きのリニューアル。モチーフは江戸後期のベストセラー『北越雪譜』に登場する「異獣＝雪男」。このキャラクターのみをシンプルに配置することで、強烈なインパクトを与えている。

SAKE COMPETITION 2017
SAKE COMPETITION has the world
most number of entry and the competition
only for Japanese sake.

Super Premium 部門
ラベルデザイン 部門

[審査員座談会⑥]

Super Premium部門
ラベルデザイン部門

—— 「Super Premium部門」は外国人のゲストが審査されました。結果はいかがでしたか？

**世界に向けて
日本酒の意識改革が
はじまっている**

浅野：そうですね、海外の方は熟成したお酒を好む傾向があるようですね。

新澤：あとは甘いお酒ですよね。グルコースが高いものが目立つのかな。

廣木：ワインの加点式の評価に慣れている人が見ると、少しマイナス面があってもいいところがあれば評価が上がります。パッケージデザイン2割、酒質8割の合計得点で評価されているようなので、海外の富裕層に向けた総合的な高級酒を目指している部門だと思います。

浅野：日本酒の値段は長年原価の積み上げでしたが、これからは熟成、流通など、原価以外で高級になるお酒が出てこなければいけない。

新澤：お酒に高額な値段をつける理由を僕らが学ばないといけませんよね。このステージで戦っているのは、お酒に対する確固たる意思がある蔵たちだと思います。

——ラベルデザイン部門はいかがでしたか？

井上：僕は変わったラベルをたくさん出したのに……ダメでした。受賞を見ると奇抜なもので

はなく、シンプルなものが多いですよね。鶴亀さんのような世界記号がいいんだと思いました。確かに、これは海外の人にもわかりやすい。

廣木：日本人は「中身が大事」と思ってしまいがちですが、世界に目を向けると「デザイン」はとても大切だとわかる。この部門の存在が我々の価値観を変えていってくれると思います。

——最後に、次回のSAKE COMPETITIONに向け、今後の日本酒に対する展望をお聞かせください。

来年の日本酒の
トレンドは
バランス&ガス?

井上：今の「甘い」トレンドは少し変わってきているようです。鑑評会を見ても、福島は甘いが、山形の金賞はもう少し苦みや渋みがあり、宮城はキレイ。全体的にバランス型のお酒に移行しているように思います。

新澤：味のバラエティがすごく増えてきているのは感じます。例えば今回、発泡清酒ではないガス感のあるお酒も入ってきていますよね。

廣木：そう、これまでコンテストでは「ガス」のあるお酒は不利でした。しかし今回ガスの審査軸が見直され、ガス絡みの入賞酒も出てきた。ひとつのトレンドが生まれたと感じています。

浅野：赤ワインでも長期熟成したガスタイプがありますから、日本酒にあってもおもしろいと思います。業界全体に「高品質なお酒を造ろう」という気運があり、レベルが上がってきています。その分審査は難しいし、造り手としても恐ろしい時代になりましたよ。

新澤：それで、おいしいお酒を飲めるお客さんが得をするというわけか。

廣木：SAKE COMPETITIONには、日本酒の進化の最前線があるんですよ。

SAKE COMPETITION 2017
表彰式レポート

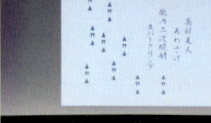

上／「ラベルデザイン部門」授章の様子。下／「発泡清酒部門」授賞スピーチの様子。

すべての日本酒関係者が注目する 「世界一おいしい日本酒」決定の瞬間

　2017年6月5日、グランドハイアット東京にて「SAKE COMPETITION2017」の表彰式が行われた。会場のグランドボールルームには「世界最高の日本酒」発表の瞬間に立ち会うべく、多くの日本酒関係者や報道陣が詰めかけた。

　表彰式は今年新設された「ラベルデザイン部門」からスタートし、1位は「越後亀鶴」が受賞。特別審査員長を務めた水野学氏がプレゼンターとして登壇し、初回ながら大激戦となった審査を振り返った。続く「発泡清酒部門」ではモデルの谷まりあ氏がプレゼンターとして登壇し、1位に輝いた「南部美人」にトロフィーを授与。表彰式に華を添えた。

　表彰式の中盤は各蔵の主力商品が勢揃い。「純米酒部門」では、なんと清水清三郎商店の「作」が1位、2位と上位を独占。発表の瞬間、会場に「おお〜」とどよめきが起こった。さらに「純米吟醸部門」でも清水清三郎商店の「作」は4位と8位入賞と勢いが止まらない。地域の傾向としては1位に仙頭酒造場「土佐しらぎく」、3位に濵川商店「美丈夫」が入賞するなど、四国勢の健闘が目立った。この2部門では高木酒造「十四代」、廣木酒造本店「飛露喜」、新澤醸造

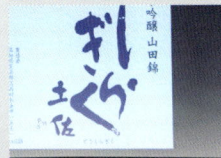

上／「純米酒部門」の上位入賞者とプレゼンターの平山あや氏。中／「純米吟醸部門」表彰の様子。下／「Super Premium部門」上位入賞者と中田英寿。

店「伯楽星」といったコンペティション常連組も順当にゴールドを受賞し、実力蔵のレベルの高さを示す結果に。ゲストプレゼンターは「純米酒部門」を平山あや氏が務めた。

表彰式後半ではハイスペックな高級酒を発表。市販酒の最高峰である「純米大吟醸部門」では、「南部美人」「鳳凰美田」といった強豪を抑えて土井酒造場「開運」が頂点に立った。土井酒造場は全部門通して初の1位を獲得。プレゼンターのいとうせいこう氏からトロフィーと副賞の「特A地区山田錦タンク1本分」が贈られた。「吟醸部門」では花酵母で知られる来福酒造の「来福」、世界市場をにらんで設立された「Super Premium部門」では山梨銘醸の「七賢」が1位受賞。プレゼンターにはリーデル代表取締役社長のウォルフガング・アンギャル氏、元サッカー日本代表の中田英寿氏が登壇した。

さらに授賞式の最後には未来の日本酒界の担い手を応援する特別賞「ダイナースクラブ若手奨励賞」が発表。「Super Premium部門」受賞の山梨銘醸の北原亮庫氏が選出された。

1年に一度、市販酒の最高峰を発表するSAKE COMPETITION表彰式。上位入賞で注目が集まった蔵たちは市場でどのような反響を得て、来年はどんな日本酒を醸すのか。日本酒ブームの未来を占う上で重要な1日となった。

分析レポート

数値から見る
日本酒のトレンド

SAKE COMPETITION 出品酒の傾向を読み解く

上東治彦
高知県工業技術センター
技術次長兼食品開発課長

酒造の技術向上・支援を行う
日本酒醸造の専門家。SAKE
COMPETITIONの審査員を務
め、数値分析による審査方法
の提案も積極的に行っている。

グルコース別の審査で
甘口酒の過剰な増加は
落ち着いてきた

高知県工業技術センターでは、2014年よりSAKE COMPETITION出品酒の数値分析を行っています。全国規模の市販酒コンテストですので、これを分析することで日本酒の傾向が見え、品質の向上が期待できると考えています。

私がまず注目したのは、日本酒の甘さに関係する「グルコース」の上昇です。2014年の上位入賞酒にこのグルコース値が高いお酒が多いことがわかると、2015年にグルコースが一気に上昇しました。数年前までは1.5％程度が普通でしたが、近年は2.0％以上、さらに3％という甘口のお酒も増えています。グルコースの高いお酒が入賞しやすいのは、甘いお酒と辛口のお酒をランダムにテイスティングすると辛口のお酒を「薄い」と感じてしまうため。繊細な味の日本酒を

正確に評価できなくなると思われます。

もちろん、甘口の日本酒を批判すべきではありません。フルーティーで甘みがあるお酒で日本酒を好きになる人も多い

審査方法の変更

2015年まで

部門ごとにランダムで
テイスティング

出品酒を各部門ごとに完全ランダムで並べてテイスティング。甘いお酒と辛口のお酒を交互に見る場合も多く、辛口のお酒の印象が弱くなる。

2016年以降

部門内でさらに
グルコース数値別に
2分してテイスティング

2016年は2.0％、2017年は1.7％を基準に「高グルコース」「低グルコース」を分けて審査。結果「低グルコース」の酒の評価も上昇。今後は部門ごとに中央値を設定するなど、平等な審査を求められる。

比較数値について
[グルコース]＝甘さ。2.0％未満は淡麗、以上は甘くなる傾向　　　　**[カプロン酸エチル]**＝リンゴ系の香り
[酸]＝ボリューム。〜1.3がなめらか、1.4〜はしっかり　　　　　　　**[酢酸イソアミル]**＝バナナ系の香り

純米大吟醸		グルコース	酸	カプロン酸エチル	酢酸イソアミル	
	2014年	1.99	1.30	5.92	2.19	グルコースは少し落ち着いたが、依然2％以上の「甘口」が多い。香りはリンゴ系からバナナ系へと移行している。
	2015年	2.62	1.34	6.72	2.16	
	2016年	2.31	1.35	7.03	2.19	
	2017年	2.43	1.36	6.82	2.22	

純米吟醸		グルコース	酸	カプロン酸エチル	酢酸イソアミル	
	2014年	1.75	1.38	4.22	2.66	グルコース、酸の数値変動は少なく、バランスはほぼ横ばい。香りも純米大吟醸と同様にバナナ系が増加している。
	2015年	2.07	1.41	4.55	2.69	
	2016年	2.07	1.41	5.13	2.50	
	2017年	2.05	1.42	4.60	2.85	

純米酒		グルコース	酸	カプロン酸エチル	酢酸イソアミル	
	2014年	1.44	1.39	3.03	2.91	グルコースは1.5％程度と、甘口ブーム前の水準に。香りはリンゴ系が減少、バナナ系の上昇が目立つ。
	2015年	1.72	1.47	2.49	2.97	
	2016年	1.53	1.46	2.68	3.01	
	2017年	1.60	1.47	2.74	3.17	

でしょう。しかし「受賞酒は甘すぎて普段の飲用には向かない」という声もあります。全国の日本酒がすべて「甘口」になるのは、日本酒にとってマイナスになるでしょう。そこで2016年よりグルコースの高・低に分類しての審査を取り入れました。結果、2016年の決審での入賞酒は純米酒、純米吟醸部門では高グルコースの酒が減少。純米大吟醸部門では高グルコース酒が減少したものの2017年にやや増加。全体的には甘いお酒が増加する傾向は落ち着いたように思えます。

ポイントは4つの数値
上位酒は「バナナ系」が増加

　日本酒の傾向を知るために注目すべき数値は4つあります。甘みを見る「グルコース」と、ボリュームを決める「酸」。香りを表すリンゴ系の「カプロン酸エチル」と、バナナ系の「酢酸イソアミル」。これらのバランスを見れば、日本酒のタ

イプや味をおおまかには表現できると思います。

　上のグラフは2014〜2017年に予選を通過した出品酒の平均数値です。グルコースは2015年前後に最も高くなっていますが2017年は減少。酸はほぼ横ばいです。一方香りを見ると、近年はカプロン酸エチルが減少し、酢酸イソアミルが増加。つまりリンゴ系からバナナ系の香りを持つ酒が増える傾向が見られます。この数値を明確にすることでトレンドの予測をはじめ、お客さまは自分の味の好みを探しやすくなるでしょう。

　ここまで「数値」の話をしてきましたが、私は「数値」と「いい酒」は必ずしもイコールではないと考えています。甘さや香りはあくまでも傾向であり、どのタイプでもバランスのよい酒質のお酒が評価されるべきでしょう。酒造関係者は自分の造る酒を正確に分析することで酒質を管理し、よりよい日本酒製造に取り組んでいただきたいと思います。

2012-2016

歴代ゴールド受賞酒

2012

部門	順位	蔵名	銘柄
純米酒部門	1	廣木酒造本店	飛露喜 特別純米
	2	清水醸造	作 玄乃智 純米酒
	3	新政酒造	新政 特別純米 六號
	4	宮泉銘醸	寫樂 純米酒
		大澤酒造	明鏡止水 雄町 純米酒
		阿部勘酒造店	阿部勘 特別純米酒
		嘉美心酒造	嘉美心 旨口 ひやおろし 純米
		アリサワ	文佳人 純米酒
	9	清水醸造	作 穂乃智 純米酒
		仙台伊澤家勝山酒造	戦勝政宗 特別純米
純米吟醸部門	1	磯自慢酒造	磯自慢 純米吟醸
	2	廣木酒造本店	飛露喜 純米吟醸
		磯自慢酒造	磯自慢 純米吟醸 多田信男
		渡邊酒造	旭興 純米吟醸
	5	清水醸造	作 雅乃智 中取り 純米吟醸
	6	名倉山酒造	名倉山 善き哉 純米吟醸
	7	仙台伊澤家勝山酒造	勝山 純米吟醸 献
	8	高木酒造	十四代 純米吟醸 龍の落とし子
		廣木酒造本店	飛露喜 特撰 純米吟醸
		浪花酒造	なにわ 純米吟醸 原酒
純米大吟醸部門	1	高木酒造	十四代 龍月 純米大吟醸
	2	相原酒造	雨後の月 純米大吟醸 愛山
	3	小林酒造	鳳凰美田 別誂至高 純米大吟醸
	4	高木酒造	十四代 大吟醸 純米醸造
	5	相原酒造	雨後の月 純米大吟醸
	6	山梨銘醸	七賢 純米大吟醸 大中屋
		出羽桜酒造	出羽桜 純米大吟醸 一路
	8	白菊酒造	大典白菊 純米大吟醸 雄町
	9	旭酒造	獺祭 純米大吟醸 磨き二割三分
	10	八戸酒造	陸奥八仙 純米大吟醸 華想い40
生酛・山廃部門	1	澄川酒造場	東洋美人 山廃純米
	2	水戸部酒造	山形正宗 純米 生もと造り
	3	三宅彦右衛門酒造	早瀬浦 山廃純米酒
	4	宇野酒造場	一乃谷 山廃仕込 特別純米酒
	5	松瀬酒造	松の司 生酛 純米酒

2013

部門	順位	蔵名	銘柄
純米酒部門	1	相原酒造	雨後の月 山田錦 特別純米
	2	磯自慢酒造	磯自慢 特別純米 雄町
	3	高木酒造	十四代 中取り 純米
	4	宝剣酒造	宝剣 八反錦 純米酒
	5	加藤嘉八郎酒造	大山 特別純米 十水
	6	仙台伊澤家勝山酒造	勝山 特別純米 縁
	7	廣木酒造本店	飛露喜 特別純米
	8	清水清三郎商店	作 玄乃智 純米酒
	9	山忠本家酒造	義侠 純米原酒60% 特別栽培米
	10	南酒造場	南 特別純米
純米吟醸部門	1	澄川酒造場	東洋美人 純米吟醸 611
	2	小林酒造	鳳凰美田 WINE CELL
	3	廣木酒造本店	飛露喜 特撰 純米吟醸
	4	井上	栄田 山田錦 純米吟醸
	5	磯自慢酒造	磯自慢 純米吟醸 多田信男
	6	清水清三郎商店	作 雅乃智 純米吟醸
	7	清水清三郎商店	作 恵乃智 中取り 純米吟醸
	8	高木酒造	十四代 純米吟醸 山田錦
	9	出羽桜酒造	出羽桜 雄町 純米吟醸
	10	鶴乃江酒造	会津中将 純米吟醸 夢の香
純米大吟醸部門	1	高木酒造	十四代 大吟醸 純米醸造
	2	寒紅梅酒造	寒紅梅 純米大吟醸
	3	高木酒造	十四代 龍月 純米大吟醸
	4	清水清三郎商店	作 雅乃智 中取り 純米大吟醸
	5	小玉醸造	太平山 純米大吟醸 天巧
	6	清水清三郎商店	作 純米大吟醸
	7	宮泉銘醸	寫樂 純米大吟醸 しずく取り
	8	酒井酒造	五橋 純米大吟醸
	9	新藤酒店	雅山流 極月 袋取り 純米大吟醸
	10	白鶴酒造	白鶴 純米大吟醸原酒 白鶴錦
生酛・山廃部門	1	澄川酒造場	東洋美人 山廃純米
	2	渡邉酒造	旭興 特別純米 山廃
	3	小林酒造	鳳凰美田 燗 特別純米
	4	司牡丹酒造	かまわぬ 山廃純米
	5	仁井田本家	特撰自然酒 特別純米

2014

部門	順位	蔵名	銘柄
純米酒部門	1	宮泉銘醸	寫樂 純米酒
	2	新澤醸造店	伯楽星 特別純米
	3	濵川商店	美丈夫 特別純米酒
	4	仙台伊澤家勝山酒造	戦勝政宗 特別純米
	5	三宅彦右衛門酒造	早瀬浦 純米酒 夜長月
	6	曙酒造	一生青春 特別純米
	7	出羽桜酒造	出羽桜 純米 出羽の里
	8	新澤醸造店	あたごのまつ 特別純米
	9	土井酒造場	開運 ひやづめ純米
	10	小林酒造	鳳凰美田 特別純米酒 剱
純米吟醸部門	1	宮泉銘醸	寫樂 純米吟醸 備前雄町
	2	酒井酒造	五橋 純米吟醸
	3	澄川酒造場	東洋美人 純米吟醸 レトロラベル
	4	高木酒造	十四代 純米吟醸 山田錦
	5	仙台伊澤家勝山酒造	勝山 純米吟醸 献
	6	井上合名会社	三井の寿 純米吟醸 芳吟
	7	今里酒造	六十餘洲 山田錦 純米吟醸
	8	出羽桜酒造	出羽桜 雄町 純米吟醸
	9	澄川酒造場	東洋美人 純米吟醸 2014FIFAワールドカップブラジル大会
	10	玄葉本店	あぶくま 山田錦 純米吟醸

部門	順位	蔵名	銘柄
純米大吟醸部門	1	山和酒造店	山和 純米大吟醸
	2	小玉醸造	太平山 天巧 純米大吟醸
	3	出羽桜酒造	出羽桜 純米大吟醸 愛山
	4	高木酒造	十四代 大吟醸 純米醸造
	5	清水清三郎商店	作 雅乃智 中取り 純米大吟醸
	6	合名会社栗林酒造店	春霞 純米大吟醸 白ラベル
	7	亀の井酒造	くどき上手 純米大吟醸 愛山
	8	楯の川酒造	楯野川 純米大吟醸 上流
	9	辻善兵衛商店	辻善兵衛 純米大吟醸
	10	澄川酒造場	東洋美人 壱番纏 純米大吟醸
Free Style Under 5000 部門	1	澄川酒造場	東洋美人 大吟醸 地帆紅
	2	相原酒造	雨後の月 大吟醸 月光
	3	平和酒造	紀土 大吟醸
	4	天吹酒造	天吹 裏大吟醸 愛山
	5	千代酒造	篠峯 大吟醸 山田錦
	6	鳩正宗	八甲田おろし 華想い40 純米大吟醸
	7	初亀醸造	初亀 極吟醸 瓢月
	8	月山酒造	銀嶺月山 大吟醸
	9	小林酒造	鳳凰美田 赤判 純米大吟醸
	10	名倉山酒造	名倉山 大吟醸
Free Style 部門	1	松崎酒造店	廣戸川 大吟醸
	2	月桂冠	月桂冠 伝匠 大吟醸
	3	清水清三郎商店	笲 クラウン 杜氏特別秘蔵酒
	4	小林酒造	鳳凰美田 別誂至高 純米大吟醸
	5	山梨銘醸	七賢 純米大吟醸 大中屋

部門	順位	蔵名	銘柄
純米酒部門	1	磯自慢酒造	磯自慢 特別純米 雄町
	2	清水清三郎商店	作 穂乃智 純米酒
	3	新政酒造	新政 ラピス 純米酒
	4	清水清三郎商店	作 玄乃智 純米酒
	5	宮泉銘醸	寫樂 純米酒
	6	酒六酒造	京ひな 特別純米 深山 夏限定
	7	新澤醸造店	伯楽星 特別純米
	8	合名会社川敬商店	橘屋 特別純米酒 ひとめぼれ
	9	新澤醸造店	あたごのまつ 特別純米
	10	新澤醸造店	あたごのまつ 特別純米 ひやおろし
純米吟醸部門	1	仙台伊澤家勝山酒造	勝山 純米吟醸 献
	2	髙垣酒造	紀ノ酒 純米吟醸 生貯蔵酒
	3	青木酒造	御慶事 純米吟醸
	4	清水清三郎商店	作 雅乃智 純米吟醸
	5	磯自慢酒造	磯自慢 純米吟醸
	6	名倉山酒造	名倉山 善き哉 純米吟醸
	7	今里酒造	六十餘洲 山田錦 純米吟醸
	8	宮泉銘醸	寫樂 純米吟醸 播州愛山
	9	澄川酒造場	東洋美人 純米吟醸
	10	新澤醸造店	あたごのまつ 限定純米吟醸 ひやおろし
純米大吟醸部門	1	鶴乃江酒造	会津中将 純米大吟醸 特醸酒
	2	澄川酒造場	東洋美人 壱番纏 純米大吟醸
	3	高木酒造	十四代 純米大吟醸 七垂二十貫
	4	高木酒造	十四代 龍月 純米大吟醸
	5	澄川酒造場	東洋美人 純米大吟醸
	6	山梨銘醸	七賢 純米大吟醸 大中屋
	7	酒井酒造	五橋 純米大吟醸
	8	ほまれ酒造	會津ほまれ 播州産山田錦仕込 純米大吟醸
	9	幸姫酒造	幸姫 純米大吟醸 雫しぼり
	10	福禄寿酒造	一白水成 純米大吟醸

2015

部門	順位	蔵名	銘柄
Free Style 部門	1	酒井酒造	五橋 極味伝心 生酛木桶造り 純米大吟醸
	2	澄川酒造場	東洋美人 山廃吟醸
	3	佐浦	浦霞 山廃純米大吟醸 ひらの

2016

部門	順位	蔵名	銘柄
純米酒部門	1	新澤醸造店	あたごのまつ 特別純米
	2	松崎酒造店	廣戸川 特別純米
	3	榎酒造	華鳩 杜氏自ら育てた米で醸した 特別純米酒
	4	新澤醸造店	あたごのまつ 特別純米 ひより
	5	廣木酒造本店	飛露喜 特別純米
	6	仙台伊澤家勝山酒造	戦勝政宗 特別純米
	7	新澤醸造店	伯楽星 特別純米
	8	有賀醸造	陣屋 特別純米
	9	酔鯨酒造	酔鯨 純米 吟の夢60%
	10	結城酒造	富久福 特別純米 山田錦
純米吟醸部門	1	仙台伊澤家勝山酒造	勝山 純米吟醸 献
	2	外池酒造	望bo: 純米吟醸 瓶燗火入れ
	3	澄川酒造場	東洋美人 純米吟醸 50
	4	赤武酒造	赤武 純米吟醸
	5	合名会社寒梅酒造	宮寒梅 純米吟醸 45%
	6	高木酒造	十四代 中取り純米吟醸 山田錦
	7	仙台伊澤家勝山酒造	戦勝政宗 純米吟醸
	8	石鎚酒造	石鎚 純米吟醸 雄町
	9	天山酒造	七田 純米吟醸 雄町50
	10	新澤醸造店	横濱 純米吟醸
純米大吟醸部門	1	愛友酒造	愛友 純米大吟醸
	2	司牡丹酒造	司牡丹 槽掛け雫酒 純米大吟醸原酒
	3	鶴乃江酒造	会津中将 純米大吟醸 特醸酒
	4	高木酒造	十四代 龍月 純米大吟醸
	5	金の井酒造	綿屋 純米大吟醸 酒界浪漫
	6	石鎚酒造	石鎚 純米大吟醸
	7	酒井酒造	五橋 純米大吟醸
	8	幸姫酒造	幸姫 純米大吟醸 雫しぼり
	9	山崎	幻々 出品酒 純米大吟醸原酒
	10	南部美人	南部美人 純米大吟醸
吟醸部門	1	此の友酒造	但馬 大吟醸
	2	白菊酒造	白菊 平成二十六年全国新酒鑑評会 金賞受賞酒 大吟醸原酒
	3	山梨銘醸	七賢 鑑評会出品酒 大吟醸
	4	櫻正宗	瀧鯉 大吟醸
	5	司牡丹酒造	司牡丹 大吟醸 黒金屋
	6	天山酒造	飛天山 大吟醸
	7	平和酒造	紀土 大吟醸
	8	世界一統	南方 大吟醸 極撰
	9	高木酒造	十四代 中取り大吟醸東
	10	澄川酒造場	東洋美人 山廃吟醸
SUPER PREMIUM 部門	1	来福酒造	来福 超精米 純米大吟醸
	2	清水清三郎商店	作 大智 大吟醸 滴取り
	3	新澤醸造店	残響 Super7

銘柄	県	酒造名	TEL	ページ
寒紅梅 純米吟醸50% 山田錦	三重	寒紅梅酒造	059-232-3005	88
寒紅梅 純米大吟醸 山田錦35%	三重	寒紅梅酒造	059-232-3005	129
義侠 純米原酒60% 特別栽培米 山田錦共生会	愛知	山忠本家酒造	0567-28-2247	49
菊 純米大吟醸	栃木	虎屋本店	028-622-8223	112
紀土 大吟醸	和歌山	平和酒造	073-487-0189	142
紀土 無量山 純米酒	和歌山	平和酒造	073-487-0189	40
旭興 純米吟醸 無加圧	栃木	渡邉酒造	0287-57-0107	86
極聖 大吟醸	岡山	宮下酒造	086-272-5594	154
極聖 純米大吟醸 天下至聖	岡山	宮下酒造	086-272-5594	182
金水晶 純米大吟醸生原酒	福島	金水晶酒造店	024-567-2011	192
久慈の山 大吟醸	茨城	根本酒造	0295-57-2211	160
クラシック仙禽 無垢	栃木	せんきん	028-681-0011	42
五神 大吟醸 山田錦	奈良	五條酒造	0747-22-2079	164
蔵王 純米酒 K	宮城	蔵王酒造	0224-25-3355	46
蔵王 特別純米酒 K 吟風	宮城	蔵王酒造	0224-25-3355	50
作 岡山 朝日米	三重	清水清三郎商店	059-385-0011	127
作 槐山一滴水 愛山	三重	清水清三郎商店	059-385-0011	123
作 槐山一滴水 山田錦	三重	清水清三郎商店	059-385-0011	126
作 奏乃智	三重	清水清三郎商店	059-385-0011	62
作 玄乃智	三重	清水清三郎商店	059-385-0011	16
作 智 純米大吟醸 滴取り	三重	清水清三郎商店	059-385-0011	186
作 穂乃智	三重	清水清三郎商店	059-385-0011	14
作 雅乃智	三重	清水清三郎商店	059-385-0011	96
作 恵乃智	三重	清水清三郎商店	059-385-0011	70
桜川 大吟醸	栃木	辻善兵衛商店	0285-82-2059	158
澤の花 花あかり 純米吟醸	長野	伴野酒造	0267-62-0021	81
燦爛 大吟醸雫酒	栃木	外池酒造店	0285-72-0001	163
自然郷 BIO 特別純米	福島	大木代吉本店	0248-42-2161	44
七賢 大中屋 斗瓶囲い 純米大吟醸	山梨	山梨銘醸	0551-35-2236	180
七賢 絹の味	山梨	山梨銘醸	0551-35-2236	135
寫樂 純米吟醸	福島	宮泉銘醸	0242-27-0031	80
寫樂 純米吟醸 播州山田錦	福島	宮泉銘醸	0242-27-0031	95
十四代 七垂二十貫	山形	高木酒造	0237-57-2131	122
十四代 双虹	山形	高木酒造	0237-57-2131	160
十四代 超特選	山形	高木酒造	0237-57-2131	125
十四代 中取り純米吟醸 愛山	山形	高木酒造	0237-57-2131	68
十四代 中取り純米吟醸 山田錦	山形	高木酒造	0237-57-2131	83
十四代 龍月	山形	高木酒造	0237-57-2131	123
SHU SHU 発泡清酒	神奈川	黄金井酒造	046-248-0124	170
信州舞姫 桜楓 純米大吟醸原酒 袋搾り中取り原酒	長野	舞姫	0266-52-0078	130
酔鯨 純米吟醸 高育54号	高知	酔鯨酒造	088-841-4080	190
末廣 純米吟醸 月の花	福島	末廣酒造	0242-54-7788	89
末廣 純米大吟醸 玄宰	福島	末廣酒造	0242-54-7788	114
戦勝政宗 純米吟醸	宮城	仙台伊澤家勝山酒造	022-348-2611	88
戦勝政宗 特別純米	宮城	仙台伊澤家勝山酒造	022-348-2611	41
蒼天伝 美禄 特別純米酒 初呑切り 夏風薫る 暁の輝露	宮城	男山本店	0226-24-8088	36
大観 限定大吟醸	茨城	森島酒造	0294-43-5334	164
大典白菊 純米酒 白菊米	岡山	白菊酒造	0866-42-3132	35

銘柄	県	酒造名	TEL	ページ
太平山 純米大吟醸 天巧	秋田	小玉醸造	018-877-2100	134
太平山 大吟醸 壽保年	秋田	小玉醸造	018-877-2100	161
但馬 大吟醸 極	兵庫	此の友酒造	079-676-3035	162
楯野川 純米大吟醸 十八	山形	楯の川酒造	0234-52-2323	127
楯野川 純米大吟醸 上流	山形	楯の川酒造	0234-52-2323	125
司牡丹 デラックス豊麗	高知	司牡丹酒造	0889-22-1211	124
出羽桜 純米大吟醸 一路	山形	出羽桜酒造	023-653-5121	129
出羽鶴 スパークリング日本酒「明日へ」	秋田	秋田清酒	0187-63-1224	176
東魁盛 純米大吟醸 斗瓶取り	千葉	小泉酒造	0439-68-0100	102
東洋美人 純米 60	山口	澄川酒造場	08387-4-0001	44
東洋美人 純米吟醸 一歩 山田錦	山口	澄川酒造場	08387-4-0001	77
土佐しらぎく 斬辛 特別純米	高知	仙頭酒造場	0887-33-2611	43
土佐しらぎく 純米吟醸 吟の夢〈生詰〉	高知	仙頭酒造場	0887-33-2611	87
土佐しらぎく 純米吟醸 山田錦	高知	仙頭酒造場	0887-33-2611	56
土佐しらぎく 涼み純米吟醸	高知	仙頭酒造場	0887-33-2611	91
土佐しらぎく ぼっちり 特別純米	高知	仙頭酒造場	0887-33-2611	37
豊能梅 純米吟醸 吟の夢仕込み	高知	高木酒造	0887-55-1800	79
名倉山 純米大吟醸 鑑評会出品酒	福島	名倉山酒造	0242-22-0844	110
南部美人 あわさけ スパークリング	岩手	南部美人	0195-23-3133	168
南部美人 純米大吟醸	岩手	南部美人	0195-23-3133	118
南部美人 純米大吟醸 結の香	岩手	南部美人	0195-23-3133	106
南部美人 純米吟醸 三年熟成古酒	岩手	南部美人	0195-23-3133	186
ねね 発泡純米酒	山口	酒井酒造	0827-21-2177	174
萩の鶴 極上 純米酒	宮城	萩野酒造	0228-44-2214	49
伯楽星 純米吟醸	宮城	新澤醸造店	0229-52-3002	66
伯楽星 純米吟醸 雄町	宮城	新澤醸造店	0229-52-3002	91
伯楽星 特別純米	宮城	新澤醸造店	0229-52-3002	24
八甲田おろし 純米大吟醸 山田錦35	青森	鳩正宗	0176-23-0221	135
八甲田おろし 大吟醸 山田錦35	青森	鳩正宗	0176-23-0221	152
鳩正宗 吟麗 純米大吟醸 山田錦35 中取り	青森	鳩正宗	0176-23-0221	132
鳩正宗 純米吟醸 華想い50	青森	鳩正宗	0176-23-0221	94
華鳩 杜氏自ら育てた米で醸した特別純米酒	広島	榎酒造	0823-52-1234	38
華鳩 特別純米酒	広島	榎酒造	0823-52-1234	40
萬歳 純米六割磨き	愛知	丸石醸造	0564-23-3333	47
美丈夫 純米 慎太郎	高知	濱川商店	0887-38-2004	28
美丈夫 純米吟醸 純麗たまラベル	高知	濱川商店	0887-38-2004	83
美丈夫 純米吟醸 弥太郎	高知	濱川商店	0887-38-2004	60
美丈夫 純米大吟醸 華	高知	濱川商店	0887-38-2004	124
美丈夫 純米大吟醸 夢許	高知	濱川商店	0887-38-2004	128
美丈夫 特別純米酒	高知	濱川商店	0887-38-2004	32
聖 山田錦 純米吟醸	群馬	聖酒造	0279-52-3911	74
比良松 純米大吟醸 40 挑む	福岡	篠崎	0946-52-0005	108
飛露喜 純米	福島	廣木酒造本店	0242-83-2104	45
飛露喜 純米吟醸	福島	廣木酒造本店	0242-83-2104	64
飛露喜 純米吟醸 山田穂	福島	廣木酒造本店	0242-83-2104	84
飛露喜 特別純米	福島	廣木酒造本店	0242-83-2104	26
廣戸川 純米大吟醸	福島	松崎酒造店	0248-82-2022	132
廣戸川 特別純米	福島	松崎酒造店	0248-82-2022	30

銘柄	県	酒造名	TEL	ページ
福祝 山田錦55特別純米酒	千葉	藤平酒造	0439-27-2043	34
富久錦 純米吟醸 播磨路	兵庫	富久錦	0790-48-2111	191
富久福 特別純米酒 五百万石	茨城	結城酒造	0296-33-3344	48
文佳人 liseur 特別純米	高知	アリサワ	0887-52-3177	39
文楽 限定 大吟醸 袋吊り 無濾過原酒 中汲み	埼玉	文楽	048-771-0011	156
望bo: 特別純米酒 五百万石	栃木	外池酒造店	0285-72-0001	43
鳳凰美田 赤判 純米大吟醸	栃木	小林酒造	0285-37-0005	131
鳳凰美田 別誂至高 純米大吟醸	栃木	小林酒造	0285-37-0005	104
宝剣 純米吟醸 酒未来	広島	宝剣酒造	0823-79-5080	92
宝剣 純米酒 白ラベル	広島	宝剣酒造	0823-79-5080	45
宝剣 純米酒 八反錦	広島	宝剣酒造	0823-79-5080	41
泡泉花	長野	武重本家酒造	0267-53-3025	175
牡丹 大吟醸	秋田	秋田銘醸	0183-73-3161	148
町田酒造55 特別純米 五百万石 火入れ	群馬	町田酒造店	027-266-0052	46
まんさくの花 純米吟醸一度火入れ原酒 MK-X	秋田	日の丸醸造	0182-42-1335	96
まんさくの花 純米大吟醸 山田45	秋田	日の丸醸造	0182-42-1335	116
三井の寿 純米大吟醸 斗瓶採り	福岡	みいの寿	0942-77-0019	128
三井の寿 大吟醸 寒の蔵	福岡	みいの寿	0942-77-0019	144
帝松 大吟醸原酒	埼玉	松岡醸造	0493-72-1234	162
美潮 純米吟醸 雄町	高知	仙頭酒造場	0887-33-2611	86
水芭蕉 純米大吟醸 プレミアム	群馬	永井酒造	0278-52-2311	120
南方 大吟醸 極撰	和歌山	世界一統	073-433-1441	163
みむろ杉 大吟醸	奈良	今西酒造	0744-42-6022	150
宮寒梅 EXTRA CLASS 純米大吟醸 三米八旨	宮城	寒梅酒造	0229-26-2037	190
宮寒梅 EXTRA CLASS 純米大吟醸 醇麗純香	宮城	寒梅酒造	0229-26-2037	134
宮寒梅 純米吟醸45%	宮城	寒梅酒造	0229-26-2037	81
三好 純米吟醸	山口	阿武の鶴酒造	0838-82-2003	192
MUSASHI 純米大吟醸	石川	車多酒造	076-275-1165	193
武蔵野スパークリング リジエール	埼玉	麻原酒造	049-298-6010	175
結ゆい 純米吟醸酒 やまだにしき	茨城	結城酒造	0296-33-3344	94
山形正宗 お燗純米	山形	水戸部酒造	023-653-2131	189
山形正宗 辛口純米	山形	水戸部酒造	023-653-2131	42
山城屋 純米吟醸 一本〆	新潟	越銘醸	0258-52-3667	93
山城屋 純米吟醸 山田錦	新潟	越銘醸	0258-52-3667	84
やまとしずく 純米大吟醸	秋田	秋田清酒	0187-63-1224	121
山の井	福島	会津酒造	0241-62-0012	76
山の井 白	福島	会津酒造	0241-62-0012	191
山和 特別純米	宮城	山和酒造店	0229-63-3017	22
雪男 純米酒	新潟	青木酒造	025-782-0012	193
雪雀 純米大吟醸	愛媛	雪雀酒造	089-992-0025	131
ゆきの美人 純米酒	秋田	秋田醸造	018-832-2818	50
ゆり 大吟醸 山田錦	福島	鶴乃江酒造	0242-27-0139	146
米鶴 純米大吟醸 天に舞う鶴の輝き 袋取り	山形	米鶴酒造	0238-52-1130	187
来福 大吟醸 雫	茨城	来福酒造	0296-52-2448	140
流輝 純米吟醸 山田錦	群馬	松屋酒造	0274-22-0022	85
渡舟 純米吟醸 五十五	茨城	府中誉	0299-23-0233	76
渡舟 純米吟醸 槽搾り原酒	茨城	府中誉	0299-23-0233	89
渡舟 純米大吟醸	茨城	府中誉	0299-23-0233	122

STAFF
編集　　　　KWC（大久保敬太）
執筆　　　　伊熊恒介、品川雅彦、末吉陽子、齋藤倫子
撮影　　　　布川航太、八田政玄
デザイン　　ensoku（嶋田貴宜）
DTP　　　　明昌堂

世界最高の日本酒
SAKE COMPETITION 2017

発行日　　　2017年9月20日

監修　　　　SAKE COMPETITION実行委員会

編集　　　　大木淳夫
発行人　　　木本敬巳

発行・販売　ぴあ株式会社
　　　　　　〒150-0011　東京都渋谷区東1-2-20 渋谷ファーストタワー
　　　　　　編集　☎03-5775-5267
　　　　　　販売　☎03-5774-5248

印刷・製本　株式会社シナノ パブリッシング プレス

@PIA2017 Printed in Japan
ISBN978-4-8356-3829-4